Erste Schritte mit Mathematica

Springer-Verlag Berlin Heidelberg GmbH

Werner Burkhardt

Erste Schritte mit Mathematica

Version 2.2.3

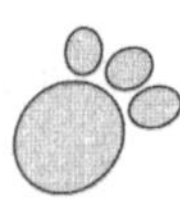

Zweite, überarbeitete und erweiterte Auflage

Springer

Werner Burkhardt
Talstraße 42
68259 Mannheim

Die Deutsche Bibliothek – CIP-Einheitsaufnahme

Burkhardt, Werner: Erste Schritte mit Mathematica: Version 2.2.3 / Werner Burkhardt. – 2., überarb. Aufl.

ISBN 978-3-540-60744-1 ISBN 978-3-662-07121-2 (eBook)
DOI 10.1007/978-3-662-07121-2

Ursprünglich erschienen bei Springer-Verlag Berlin Heidelberg New York 1996

Umschlaggestaltung: Künkel & Lopka, Ilvesheim
Satz: Mit $\TeX$ erstellte reproduktionsfertige Vorlage vom Autor
SPIN 10528903 33/3140 – 5 4 3 2 1 0 – Gedruckt auf säurefreiem Papier

Vorwort

Vor der Benutzung von Rechnern - d.h. bis etwa 1950 - war eine mathematische Berechnung eine Mischung aus numerischen und analytischen Manipulationen. Am Beispiel der Mondbahnberechnungen von Delaunay im letzten Jahrhundert wird deutlich, daß diese Vorgehensweise sehr zeitaufwendig sein konnte: er benötigte 10 Jahre für seine Berechnungen und weitere 10 Jahre, um sie zu überprüfen!

Derartig langwierige Bearbeitungen eines Problems können wir uns in einer von Rechnern geprägten Zeit weder vorstellen noch leisten. Durch den Einsatz elektronischer Rechenanlagen konnten viele Probleme numerisch aufbereitet und dann abgearbeitet werden, wobei man die Ergebnisse mit diesen neuen Methoden natürlich viel schneller als mit den alten erhielt. Aufgrund der Erfolge dieser Methoden werden von vielen Wissenschaftlern heute noch die Begriffe numerische Berechnung und wissenschaftliche Berechnung als Synonyme gebraucht. Leider hat aber auch diese Methode einige Nachteile:

- Rundungsfehler beeinflussen die Ergebnisse.
- Probleme, die analytisch eindeutig lösbar sind, werden durch numerische Methoden nur näherungsweise gelöst. Daher ist die Struktur der numerischen Lösung oft nicht so klar zu erkennen.

Wegen dieser Nachteile versuchte man, die Methode mit Papier und Bleistift, die vor dem Einsatz von Rechnern jeder benutzte, auf Rechnern nachzubilden. Die ersten Ansätze sind bei Kahrimanian und Nolen zu finden, die bereits 1953 einen Artikel über das symbolische Differenzieren in Rechenanlagen veröffentlichten. In den sechziger Jahren wurden dann einige Computeralgebrasysteme für Großrechner entwickelt. Ende der siebziger Jahre kamen die ersten Computeralgebrasysteme für PCs, denen böse Zungen nachsagten, daß sie zwar Berechnungen erheblich erleichterten, man aber zum Erlernen der Programmiersprache und zur

Interpretation der Ergebnisse die gleiche Zeit wie auf dem Papier benötigte. Mit der Steigerung der Leistungsfähigkeit der PCs wurde es jedoch auch möglich, benutzerfreundlichere Computeralgebrasysteme auf den PCs zu implementieren. Eines dieser Systeme ist *Mathematica*, dessen Entwicklung bis etwa in das Jahr 1980 zurückreicht.

Zu diesem Zeitpunkt begann Stephen Wolfram mit der Entwicklung der regelbasierten Programmiersprache SMP als konkrete Umsetzung seiner Arbeiten über zelluläre Automaten. Dieses Programm ist der Vorläufer von *Mathematica.* Die Ergebnisse dieser Arbeit wurden in vielen Wissenschaftsbereichen (Biologie, Physik, Chaosforschung ...) eingesetzt. Die weiteren Forschungen Wolframs über komplexe Systeme und in der Strömungsphysik führten im Jahre 1986 zur Gründung des Unternehmens Wolfram Research Inc., dessen Ziel die Entwicklung von *Mathematica* war. Im Juni 1988 erschien die *Mathematica*-Version 1.0 für den Macintosh der Firma Apple, der weitere Versionen für andere Rechner folgten. Hier eine Auswahl: Convex, DEC VAX (Ultrix und VMS) und RISC, Hewlett-Packard/Apollo, IBM 386-PCs sowie kompatible unter MS-DOS und MS Windows, IBM RISC, MIPS, NeXT, Silicon Graphics, Sony und Sun sowie für Großrechner. Diese Auswahl ist sicherlich nicht vollständig, da sich die Anzahl der Rechnerplattformen, für die *Mathematica* erhältlich ist, andauernd vergrößert. Die derzeit aktuelle Versionsnummer ist 2.1, wobei die nächste Version bereits angekündigt ist.

Das vorliegende Buch enthält eine Einführung in *Mathematica*, die die Grundkenntnisse zum Umgang mit *Mathematica* vermittelt. Dieses Wissen wird anhand häufig auftretender Fragestellungen aus der Schulmathematik sowie der Hochschulmathematik an Beispielen vermittelt, wobei am Ende eines jeden Kapitels der Stoff mit Kontrollaufgaben gefestigt werden soll. Bei der Auswahl der Beispiele wird auf die folgenden Punkte Wert gelegt:

- Anwendungsbezug
- Aufzeigen der Fähigkeiten und ggf. Grenzen von *Mathematica*

Aufgrund dieser Auswahl eignet sich das Buch besonders für folgende Zielgruppen und Einsatzgebiete:

- für Anwender von Computeralgebrasystemen zum Selbststudium
- für Kurse in *Mathematica* an Schulen und Hochschulen
- für den mathematisch naturwissenschaftlichen Unterricht in Sekundarstufe II

An dieser Stelle möchte ich mich bei Herrn J. Lammarsch für die Anregungen und die Ermutigung zu diesem Buch bedanken. Weiterer Dank richtet sich an Frau Luzia Dietsche von DANTE e.V., die ich häufig mit Fragen zu LaTeX löcherte und die mir immer weiterhalf. Zuletzt möchte ich mich bei meiner Familie bedanken, die mit sehr viel Verständnis meine Arbeit an diesem Buch ertragen hat.

Werner Burkhardt, Januar 1993

Vorwort zur 2. Auflage

In der 2. Auflage wurden Fehler der ersten beseitigt und der neueste Stand von *Mathematica* (Version 2.2) berücksichtigt. Die Neuerungen sind nicht spektakulär, aber im Erschneinungsbild zu erkennen und beim Umgang zu bemerken. Unter grafischen Benutzeroberflächen werden zusätzliche Icons angeboten, die häufig benutzte Optionen aus Rollbalkenmenüs ersetzen, und damit die Arbeit erleichtern.

Das Arbeiten mit *Mathematica* zeigt, daß in der Version 2.2 viele Fehler früherer Versionen – vor allem beim Lösen von Gleichungen und Differentialgleichungen – beseitigt wurden. Leider gilt dies nicht für die Numerik! Hoffentlich bringt die seit längerem angekündigte nächste Version nicht nur im Erscheinungsbild Neuerungen.

Werner Burkhardt, Frühjahr 1996

Inhaltsverzeichnis

Einführung in die Benutzung

Kapitel 1

Mathematica ist, wie viele andere Computeralgebrasysteme auch, als Input-Output-System angelegt, d.h. *Mathematica* wird eine Aufgabe übergeben (Input) und anschließend gibt *Mathematica* die Lösung zurück (Output). Damit *Mathematica* auf vielen Rechnern benutzt werden kann, wurde bei der Programmierung von *Mathematica* eine Zweiteilung vorgenommen:

1. Der Kern (kernel), der auf allen Rechnern gleich ist.
2. Die Benutzeroberfläche (frontend), die vom Rechner abhängt.

Im wesentlichen sind textorientierte und grafische Benutzeroberflächen (Notebooks) erhältlich. Da es den Rahmen dieses Buches sprengen würde, alle Benutzeroberflächen vollständig zu beschreiben, werde ich mich im weiteren nur auf die Eingabetechniken beschränken, die auf allen Systemen möglich sind. Die Ein- und Ausgaben werden mit Schreibmaschinenschrift (`Typewriter`) hervorgehoben. Weite Teile des Buches bestehen daher aus Ein- und Ausgabedialogen, wobei immer nur die Teile nach dem Gleichheitszeichen der Eingabeaufforderung eingegeben werden müssen. Beispiele folgen im nächsten Abschnitt.

1.1 Start von *Mathematica*

1.1.1 Textorientierte Benutzeroberflächen

Der Start erfolgt bei diesen Systemen durch die Eingabe des Kommandos `math`. Danach erscheint eine Meldung, die vom verwendeten System und der Versionsnummer abhängt, und schließlich die Eingabeaufforderung `In[1]:=` . Hier kann man eine beliebige Eingabe machen, auf die *Mathematica* antwortet. Diese Eingabe muß durch Drücken der `RETURN`-Taste bestätigt werden. Ein Beispiel: Bildschirmausgabe:

```
In[1]:=
```

Eingabe von 2+5 liefert die Bildschirmausgabe:

```
In[1]:= 2+5
```

Drücken der `RETURN`-Taste liefert die Bildschirmausgabe:

```
Out[1]= 7
```

Beachten Sie, daß nur die Rechnung 2+5 und nicht `In[1]:=` eingegeben werden muß!

Mathematica kann durch Eingabe des Befehls `Quit[ ]` verlasssen werden.

Start von *Mathematica*	math
Eingabe bestätigen	`RETURN`
Mathematica verlassen	`Quit[]`

Mathematica starten und beenden

1.1.2 Grafische Benutzeroberflächen

Mathematica wird bei Systemen mit grafischen Benutzeroberflächen, wie z.B. Windows auf dem PC, durch zweimaliges Anklicken (double-click) des *Mathematica*-Symbols gestartet. Danach befindet man sich in einem leeren Arbeitsblatt. In dieses Arbeitsblatt kann man Texte und Aufgaben in beliebiger Reihenfolge eingeben. Um einen Abschnitt als Aufgabe für *Mathematica* zu kennzeichnen, muß die Eingabe durch gleichzeitiges Drücken der Tasten `SHIFT` und `RETURN` abgeschlossen werden. Ein Beispiel:
Eingabe von `2+5`

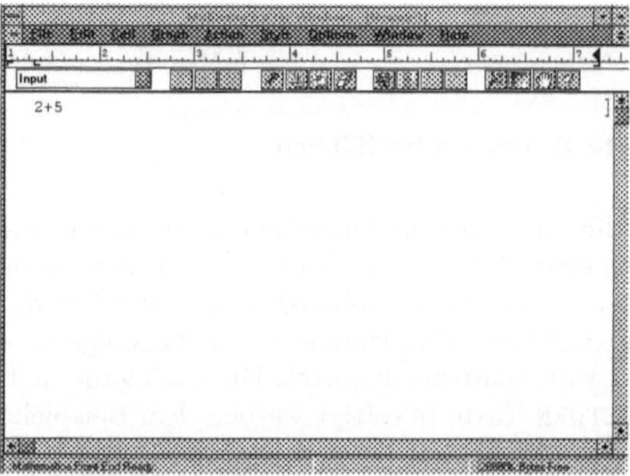

```
Gleichzeitiges Druecken der Tasten SHIFT und  RETURN
```

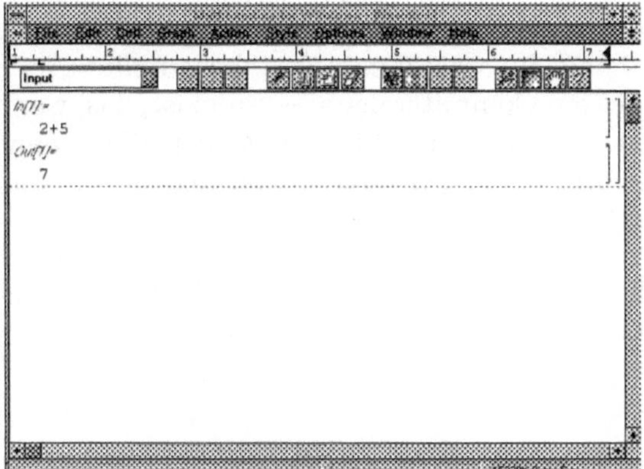

Start von *Mathematica*	Anklicken des *Mathematica*-Symbols
Eingabe bestätigen	Die Tasten `SHIFT RETURN` gleichzeitig drücken
Mathematica verlassen	Anklicken des entsprechenden Menüpunktes

Mathematica starten und beenden

1.2 Rechnen mit Zahlen

Mathematica kann man sehr gut als komfortablen Taschenrechner benutzen:

```
In[1]:=19-4
Out[1]=15
```

Natürlich können auch größere Zahlen bearbeitet werden:

```
In[2]:=1234567898767534*9876545676898765-3456432134567
Out[2]=12193266243410480070962354560943
```

In der Mathematik ist es aber üblich, statt eines Malzeichens einfach ein Leerzeichen zu schreiben. Derartige Eingaben werden auch von *Mathematica* akzeptiert.

```
In[3]:=1234567898767534 9876545676898765-3456432134567
Out[3]=12193266243410480070962354560943
```

Natürlich beherrscht *Mathematica* auch die Division: *Division*

```
In[4]:=5/7
```

Out[4]= $\frac{5}{7}$

Diese Ausgabe ist ungewohnt, da man hier wohl eher, wie beim Taschenrechner, eine Dezimalzahl erwartet hätte. (Bem.: Unter einer Dezimalzahl wird in diesem Buch eine Zahl verstanden, die mit den Ziffern 0 bis 9 und einem Dezimalpunkt dargestellt werden kann.) Da *Mathematica* ein Computeralgebrasystem ist, das, wann immer es geht, genau rechnet, wird für alle Zahlen die genaue Darstellung benutzt, d.h. keine dezimale Näherung, außer man fordert *Mathematica* dazu auf.

Dezimalzahl

Eine Möglichkeit hierfür ist die, aus Zähler oder Nenner des obigen Bruchs eine Dezimalzahl zu machen. Diese Methode funktioniert natürlich auch, wenn beide als Dezimalzahl angegeben werden.

```
In[5]:=5./7
Out[5]=0.714286
```

Hier geht *Mathematica* davon aus, daß eine Zahl als Dezimalzahl eingegeben wurde und gibt deshalb das Ergebnis ebenfalls als Dezimalzahl aus.

`N[ ]`

Die andere Möglichkeit besteht in der Benutzung der *Mathematica*-Funktion `N[ ]`. Diese Funktion berechnet eine dezimale Näherung des Arguments.

```
In[6]:=N[5/7]
Out[6]=0.714286
```

Die Anzahl der standardmäßig ausgegebenen Nachkommastellen hängt vom verwendeten Rechner und der Grundeinstellung für die Rechengenauigkeit ab. Falls man mehr Nachkommastellen (z.B. 20) haben möchte, kann man dies der Funktion `N` auf jedem Rechner folgendermaßen mitteilen:

```
In[7]:=N[5/7, 20]
Out[7]=0.71428571428571428571
```

Der Eingabe entnimmt man, daß man die Anzahl der gewünschten Nachkommastellen – durch ein Komma abgetrennt – anfügen kann.

Klammern

Mathematica rechnet mit Klammern, wie man es gewohnt ist.

```
In[8]:=(7+9)/17
Out[8]= 16
        --
        17
```

Eine dezimale Näherung kann man wieder durch die Funktion `N` erhalten.

Nun noch ein Beispiel zum Potenzieren.Der Erfinder des Schachspiels erbat sich von seinem König $2^{64} - 1$ Weizenkörner als Lohn. Diese Zahl kann man mit *Mathematica* exakt berechnen.

```
In[9]:=2^64-1
Out[9]=18446744073709551615
```

Mit vielen Taschenrechnern kann man auch Fakultäten berechnen; leider ist bei den meisten Taschenrechnern für eine Zahl größer 69 die Fakultät nicht zu berechnen. Ein Beispiel für eine etwas größere Zahl:

```
In[10]:=100!
Out[10]=93326215443944152681699238856266700490715968264381621\
        46859296389521759999322991560894146397615651828625\
        36979208272237582511852109168640000000000000000000000\
        0000
```

Der Backslash(\) wird bei dieser Ausgabe als Trennsymbol benutzt, das anzeigt, daß die Ausgabe in der nächsten Zeile fortgesetzt wird.

Die Primfaktoren von 100! sind sehr einfach zu bestimmen. Die zugehörige *Mathematica*-Funktion ist `FactorInteger`. Dabei kann man das Ergebnis der letzten Berechnung durch das %-Zeichen aufrufen.

`FactorInteger`

%-Zeichen

```
In[11]:=FactorInteger[%]
Out[11]={{2, 97}, {3, 48}, {5, 24}, {7, 16}, {11, 9},
         {13, 7}, {17, 5}, {19, 5}, {23, 4}, {29, 3},
         {31, 3}, {37, 2}, {41, 2}, {43, 2}, {47, 2},
         {53, 1}, {59, 1}, {61, 1}, {67, 1}, {71, 1},
         {73, 1}, {79, 1}, {83, 1}, {89, 1}, {97, 1}}
```

Die Ausgabe erfolgt hier als Liste, wobei jedes Element davon wieder eine Liste ist, bei der der erste Eintrag den Primfaktor und der zweite die Häufigkeit des Primfaktors angibt (mehr dazu in Kapitel 3). Weiterhin kann man an der Eingabe die Struktur von *Mathematica*-Befehlen erkennen.

- Alle *Mathematica*-Befehle beginnen mit einem Großbuchstaben.
- Besteht ein Befehl aus mehreren Wörtern, werden diese ohne Leerzeichen aneinandergereiht; neue Wörter beginnt man mit einem Großbuchstaben.
- Die Argumente eines Befehls werden in eckigen Klammern eingeschlossen.

Struktur von *Mathematica*-Befehlen

- Addition, Subtraktion, Multiplikation und Division werden durch die auf dem Rechner üblichen Rechenzeichen (`+ - * /`) eingegeben.
- Der Malpunkt (`*`) kann durch ein Leerzeichen ersetzt werden.
- Zum Potenzieren benutzt man das `^` .
- Für Fakultäten verwendet man das `!`.
- Um dezimale Näherungen für einen Wert zu erhalten, benutzt man die Funktion `N[ ]`. Die Anzahl der gewünschten Nachkommastellen kann, durch ein Komma abgetrennt, angegeben werden.
- Das `%`-Zeichen liefert das letzte Ergebnis.
- Das `%%`-Zeichen liefert das vorletzte Ergebnis.
- Die Eingabe `% n` liefert das Ergebnis der Ausgabezeile mit `Out[n]`.

Zusammenfassung der Rechenregeln

1.3 Rechnen mit reellen Zahlen und Funktionen

Wie bereits erwähnt, versucht *Mathematica* exakt zu rechnen. Exakt bedeutet für *Mathematica*, daß z.B. Brüche nur gekürzt, aber nicht in Dezimalzahlen umgewandelt werden. Welche Auswirkungen dies auf das Rechnen mit Wurzeln, Logarithmen und den Funktionswerten trigonometrischer Funktionen hat, wird in diesem Abschnitt dargestellt.

Zunächst ein paar Beispiele für das Rechnen mit Wurzeln. Der *Mathematica*-Befehl für die Quadratwurzel ist `Sqrt[ ]`. Exakte Berechnung von $\sqrt{2}\sqrt{3}$:

Sqrt[ ]

```
In[1]:=Sqrt[2] Sqrt[3]
Out[1]=Sqrt[6]
```

Da $\sqrt{6}$ weder als ganze Zahl noch als Bruch mit ganzzahligem Zähler und Nenner dargestellt werden kann, bleibt das Ergebnis stehen.

```
In[2]:=Sqrt[144+25]
Out[2]=13
```

Zunächst wird das Argument der Wurzelfunktion berechnet. Da es eine Quadratzahl ist, wird auch die Wurzel bestimmt. Die gleiche Erklärung gilt auch für die nächsten beiden Beispiele:

```
In[3]:=Sqrt[49/25-24/25]
Out[3]=1
In[4]:=Sqrt[173/64-23/16]
Out[4]= 9
        -
        8
```

Diesen Beispielen entnimmt man, daß *Mathematica* versucht, das Ergebnis nach den in der Mathematik üblichen Rechenregeln für Wurzeln zu bestimmen. Deshalb erhielt man auch beim ersten Beispiel das Ergebnis `Sqrt[6]`. Eine dezimale Näherung erhält man, wenn man die Zahl, von der man eine Näherung möchte, mit dem Dezimalpunkt als Dezimalzahl auszeichnet.

```
In[5]:=Sqrt[2.] Sqrt[3]
Out[5]=1.41421 Sqrt[3]
```

Da nur das Argument der ersten Wurzel als Dezimalzahl gekennzeichnet wurde, wird auch nur diese in eine Dezimalzahl umgewandelt. Die zweite Wurzel bleibt als exakte Zahl stehen. Eine Möglichkeit, eine dezimale Näherung für das Ergebnis zu erhalten, sieht man im nächsten Beispiel. Stattdessen kann man auch die Funktion `N` benutzen. (Beide Methoden liefern – bei gleicher Anzahl der Nachkommastellen – das gleiche Ergebnis.)

```
In[6]:=Sqrt[2.] Sqrt[3.]
Out[6]=2.44949
```

```
In[7]:=N[Sqrt[2] Sqrt[3],5]
Out[7]=2.44949
```

Log[ ]

Log[Basis,x]

Zur Berechnung höherer Wurzeln($\sqrt[3]{x}\ldots$) muß man die Darstellung mit gebrochenen Exponenten benutzen($\sqrt[n]{x} = x^{\frac{1}{n}}$). Für Logarithmen stehen die Befehle `Log[ ]` für natürliche Logarithmen (mit der Eulerschen Zahl e als Basis) und `Log[Basis,x]` für Logarithmen zu einer beliebigen Basis zur Verfügung. Bei der Eingabe des Befehls `Log[Basis,x]` muß das Wort Basis durch eine Zahl und x durch eine Variable ersetzt werden.

```
In[8]:=Log[E^3]
Out[8]=3
```

E

Wie man sieht, ist `E` die Darstellung der Eulerschen Zahl e in *Mathematica*.

```
In[9]:=Log[1000]
Out[9]=Log[1000]
```

Da 1000 keine rationale Potenz von e ist, bleibt auch das exakte Ergebnis $\ln 1000$ stehen.

```
In[10]:=Log[1000.]
Out[10]=6.90776
```

Auch hier gelten die gleichen Gesetzmäßigkeiten, die bei Wurzeln beschrieben wurden, für die Darstellung von Ausdrücken in *Mathematica*.
Berechnung des Logarithmus von 1000 zur Basis 10:

```
In[11]:=Log[10,1000]
Out[11]=3
```

```
In[12]:=Log[10,E]
Out[12]=    1
         -------
         Log[10]
```

Hier sieht man, daß *Mathematica* intern mit natürlichen Logarithmen arbeitet, da das Ergebnis durch natürliche Logarithmen dargestellt wird. Dies wird auch am nächsten Beispiel deutlich:

```
In[13]:=Log[10,1024]
Out[13]= Log[1024]
         ---------
         Log[10]
```

```
In[14]:=Log[2,1024]
Out[14]=10
```

Für die Exponentialfunktion zur Basis e kennt *Mathematica* die Darstellung `E^x` und `Exp[x]`. Beide Darstellungen können gleichwertig verwendet werden.

Wurzelfunktion($\sqrt{x}$)	`Sqrt[x]`
Exponentialfunktion (e^x)	`Exp[x]` oder `E^x`
Natürliche Logarithmusfunktion ($\ln x$)	`Log[x]`
Logarithmusfunktion zur Basis b ($\log_b x$)	`Log[b,x]`

Funktionen in *Mathematica*

Zum Berechnen trigonometrischer Funktionen stehen folgende Befehle zur Verfügung:

Sinusfunktion ($\sin x$)	`Sin[x]`
Cosinusfunktion ($\cos x$)	`Cos[x]`
Tangensfunktion ($\tan x$)	`Tan[x]`
Cotangensfunktion ($\cot x$)	`Cot[x]`
Sekansfunktion ($\sec x$)	`Sec[x]`
Cosekansfunktion ($\csc x$)	`Csc[x]`

Trigonometrische Funktionen in *Mathematica*

Beim Aufruf einer dieser Funktionen erwartet *Mathematica*, daß das Argument im Bogenmaß angegeben wird. Natürlich stehen zu allen trigonometrischen Funktionen die Umkehrfunktionen zur Verfügung. Die Namen der Umkehrfunktionen werden durch Voranstellen der Silbe `Arc` vor den entsprechenden Namen gebildet. So ist `ArcCot[ ]` die Umkehrfunktion der Cotangensfunktion.

`Arc`

`ArcCot[ ]`

Die Zahl π wird in *Mathematica* durch `Pi` aufgerufen. Auch bei den nächsten Beispielen gelten die oben beschriebenen Gesetzmäßigkeiten für die Darstellung. *Mathematica* berechnet die trigonometrischen Funktionen für spezielle Werte wie $\frac{\pi}{6}$, $\frac{\pi}{4}$, $\frac{\pi}{3}$ etc. genau, d.h. in Form von Wurzeln und Brüchen. Ist dies nicht möglich, verändert *Mathematica* die Eingabe nicht und rechnet, falls es nötig ist, mit diesem genauen Ergebnis weiter. Wenn man eine dezimale Näherung für den Wert der trigonometrischen Funktion möchte, muß dies durch Kennzeichnung des Argumentes mit dem Dezimalpunkt geschehen oder durch die Funktion `N`.

`Pi`

```
In[15]:=Tan[Pi/4]
Out[15]=1
```

```
In[16]:=Sin[5 Pi/6]
Out[16]= 1
         -
         2

In[17]:=Cos[Pi/6]
Out[17]= Sqrt[3]
         -------
            2

In[18]:=Cot[3]
Out[18]=Cot[3]

In[19]:=Cot[3.]
Out[19]=-7.01525

In[20]:=ArcSin[1/2]
Out[20]= Pi
         --
         6
```

Überlegen Sie sich bei diesen Beispielen, wie die Ausgabe zustande kommt. Da häufig auch trigonometrische Funktionen von Winkeln im Gradmaß benötigt werden, stellt *Mathematica* für die Umwandlung die Konstante `Degree` zur Verfügung. So berechnet man $\cos 45^o$ durch:

`Degree`

```
In[21]:=Cos[45 Degree]
Out[21]=Cos[45 Degree]
```

Leider vereinfacht *Mathematica* zumindest auf einem PC diese Werte nicht in der gewünschten Form. Aber eine dezimale Näherung kann berechnet werden:

```
In[22]:=N[Cos[45 Degree]]
Out[22]=0.707107
```

1.4 Rechnen mit komplexen Zahlen und Funktionen

`I`

Zur Darstellung komplexer Zahlen benötigt man die imaginäre Einheit i mit $i^2 = -1$. Sie wird in *Mathematica* mit `I` bezeichnet. Komplexe Zahlen werden in der Form `a+ I b` oder `a+ b I` eingegeben. Jetzt einige Beispiele zu den Grundrechenarten:

```
In[1]:=(3+ I 7) + (18- I 14)
Out[1]=21 - 7 I

In[2]:=(38+ I 27) * (17- I)
Out[2]=673 + 421 I
```

Der Malpunkt in der letzten Eingabe muß nicht geschrieben werden!

```
In[3]:=(16 + I 2)/(14+ I 3)
Out[3]= 46   4 I
        -- - ---
        41   41

In[4]:=(16 + I Sqrt[2])/(14+ I Sqrt[3])
Out[4]=16 + I Sqrt[2]
       --------------
       14 + I Sqrt[3]
```

Leider ist die letzte Umformung nicht ganz wunschgemäß, da *Mathematica* den eingegebenen Term nur als Bruch ausgibt und nicht vereinfacht. Hier wäre es wünschenswert, wenn *Mathematica* den Nenner in eine reelle Zahl durch Erweitern mit dem komplex konjugierten Nenner umwandeln würde.

Um komplexe Zahlen zu manipulieren stehen noch die Befehle `Re[ ]`, `Im[ ]`, `Conjugate[ ]`, `Abs[ ]`, `Arg[ ]` zur Verfügung. Die Verwendung zeigen die nächsten Beispiele.

`Re, Im ...`

Zur Berechnung des Realteils:

```
In[5]:=Re[Pi+I 19]
Out[5]=Pi
```

Zur Berechnung des Imaginärteils:

```
In[6]:=Im[Pi + I 19]
Out[6]=19
```

Zur Berechnung der konjugiert komplexen Zahl:

```
In[7]:=Conjugate[Pi + I 19]
Out[7]=-19 I + Pi
```

Zur Berechnung des Betrags:

```
In[8]:=Abs[41 + I 19]
Out[8]=Sqrt[2042]
```

Zur Berechnung des Arguments bei der Eulerschen Darstellung $e^{i\phi}$ einer komplexen Zahl:

```
In[9]:=Arg[41 + I 19]
Out[9]=ArcTan[41, 19]

In[10]:=N[%]
Out[10]=0.433953
```

Zur Bearbeitung komplexer Zahlen stehen folgende Befehle zur Verfügung:

Darstellung	`x + I y`
Realteil	`Re[z]`
Imaginärteil	`Im[z]`
Betrag	`Abs[z]`
Argument	`Arg[z]`
Komplex Kunjugierte	`Conjugate[z]`

Die Funktionen, die im letzten Abschnitt behandelt wurden, können auch auf komplexe Argumente angewendet werden.

Komplexe Funktionen

1.5 Aufgaben

1. Bestimmen Sie die Primfaktoren von $2^{45} - 1$.

2. Berechnen Sie $\sqrt{17}\sqrt{68}$.

3. Berechnen Sie $\ln 335$, sowie eine dezimale Näherung für den Wert.

4. Berechnen Sie $\log_4 2048$.

5. Berechnen Sie $\sin 135^o$, sowie eine dezimale Näherung für den Wert.

6. Berechnen Sie den Realteil der komplexen Zahl $5 - 5i$.

7. Berechnen Sie den Imaginärteil von $5 - 5i$.

8. Berechnen Sie den Betrag von $5 - 5i$.

9. Berechen Sie das Argument von $5 - 5i$.

Termumformungen

Kapitel 2

2.1 Rechnen mit Symbolen

Die im letzten Kapitel vorgestellten Fähigkeiten von *Mathematica* entsprechen denen eines sehr komfortablen Taschenrechners. Computeralgebrasysteme wie *Mathematica* zeichnen sich zusätzlich noch dadurch aus, daß sie mit Symbolen(Variablen, Buchstaben etc.) rechnen können. Einen kleinen Einblick, was das Rechnen mit Symbolen bedeutet, konnte man im letzten Kapitel bei dem Umgang mit Funktionswerten sehen. *Mathematica* berechnete dort $\sqrt{2}\sqrt{3}$ zu $\sqrt{6}$ und nicht, wie der Taschenrechner, zu 2,44949. *Symbolen*

Als Erinnerung ein Beispiel mit Zahlen:

```
In[1]:= 7+18-156.45+789/45
Out[1]= -113.917
```

Das Ergebnis wird hier als eine Dezimalzahl ausgegeben, da eine Zahl als Dezimalzahl gekennzeichent wurde und keine weiteren Funktionen in dem Term vorhanden sind.

Nun ein Beispiel mit Symbolen:

```
In[2]:= 4x -17a+14x-33a-9x
Out[2]= -50 a + 9 x
```

Diesen Beispielen entnimmt man, daß *Mathematica* mit Symbolen ebenso wie mit Zahlen umgehen kann. Wir wollen einmal sehen, ob es auch die Grundrechenarten für Symbole beherrscht:

```
In[3]:= (4x+17)*(3x-4)
Out[3]= (-4 + 3 x) (17 + 4 x)
```

Das Beispiel zeigt, daß *Mathematica* die Eingabe nur in leicht veränderter Form wieder ausgibt, die gewünschte Berechnung aber nicht durchführt. Hierzu werden weitere Befehle benötigt, die in

Wertzuweisung mit =

den nächsten Abschnitten vorgestellt werden. Um Terme, die Variablen enthalten, auszuwerten, setzt man für die Variable einen oder mehrere Werte ein. Die Zuweisung eines Wertes geschieht in *Mathematica* durch das Gleichheitszeichen (=).

```
In[4]:= x=7
Out[4]= 7
```

Damit wurde der Variablen x der Wert 7 zugewiesen. Das Ergebnis der Berechnung des Terms $x^2 - 5$ betrachten wir im nächsten Beispiel:

```
In[5]:= x^2-5
Out[5]= 44
```

Die Ausgabe zeigt, daß die Variable x durch den Wert 7 ersetzt wurde. Noch ein Versuch:

```
In[6]:= x^2-17x+3
Out[6]= -67
```

Da der letzte Term weiter betrachtet werden soll, wird er einer Variablen mit dem Namen `term` zugewiesen. Die Bezeichnung `term` wurde klein geschrieben, um eine Kollision mit *Mathematica*-Bezeichnern zu vermeiden, da diese immer mit Großbuchstaben beginnen.

```
In[7]:= term=x^2-17x+3
Out[7]= -67
```

Der Term wurde korrekt mit dem Wert 7 für die Variable x ausgewertet. Nun noch ein Versuch mit einem anderen x Wert. Zuerst wird x der Wert 5 zugewiesen und anschließend der Term ausgewertet:

```
In[8]:= x=5
Out[8]= 5
```

```
In[9]:= term
Out[9]= -67
```

Dem Ergebnis entnimmt man, daß bei der Zuweisung der Variablen `term` nicht der Term $x^2 - 17x + 3$ ausgewertet wurde, sondern der Wert dieses Terms für $x = 7$ ausgegeben wurde. Dies zeigt auch die nächste Auswertung für $x = 5$.

```
In[10]:= x^2-17x+3
Out[10]= -57
```

Um nun wieder klare Ausgangsbedingungen zu schaffen, werden alle Zuweisungen zurückgenommen. Dies geschieht durch den Befehl `Clear[ ]` oder `=.`.
Löschen der Zuweisung für x :

Clear[ ]
=

```
In[11]:= Clear[x]
```

Löschen der Zuweisung für die Variable `term` durch die alternative Schreibweise des Befehls:

```
In[12]:= term=.
```

Durch ein ? kann man die aktuelle Zuweisung einer Variablen abfragen.

?

```
In[13]:= ?x
Out[13]= Global`x

In[14]:= ?term
Out[14]= Global`term
```

Die Ausgaben zeigen, daß die Variablen keine Belegung haben. Nun ein zweiter Versuch zur Auswertung eines Terms bei verschiedenen Werten für die Variablen. Da beim letzten Versuch zuerst x und dann `term` zugewiesen wurde, versuchen wir jetzt den umgekehrten Weg:

```
In[15]:= term=x^2-17x+3
Out[15]=                 2
          3 - 17 x + x

In[16]:= x=7
Out[16]= 7

In[17]:= term
Out[17]= -67

In[18]:= x=5
Out[18]= 5

In[19]:= term
Out[19]= -57
```

So konnte die Auswertung des Terms für verschiedene x-Werte erfolgen. Beim ersten Vorgehen spricht man von einer frühen Bindung der Variablen (vor der Zuweisung des Terms), bei der zweiten von einer späten Bindung der Variablen (nach der Zuweisung des Terms). Deshalb sollte man sich vor der Auswertung von Termen vergewissern, ob die Variablen, die in dem Term enthalten sind, bereits eine Belegung haben.

Zuweisung eines Wertes zu einer Variablen	`x = Wert`
Löschen der Zuweisungen	`Clear[x]` oder `x=.`
Abfrage der Zuweisungen	`?x`

- Überprüfen Sie genau, welche Belegungen die Variablen haben, die in einem Term enthalten sind, bevor Sie ihn auswerten.
- Überlegen Sie genau, welchen Term Sie zuerst und welchen Sie später zuweisen, vor allem wenn sie voneinander abhängen.

Zuweisen von Variablen

2.2 Rechnen mit ganzrationalen Termen

Ausmultiplizieren von Klammern

Wie im letzten Abschnitt erwähnt, benötigt man zum Ausmultiplizieren von Klammern *Mathematica*-Befehle. Einer dieser Befehle ist `Expand[ ]`. Gleich ein Beispiel zur Benutzung des Befehls:

```
In[1]:= Expand[(x-17)(x+a)]
Out[1]=
                                2
        -17 a - 17 x + a x + x
```

Jetzt noch ein paar aufwendigere Beispiele:

```
In[2]:= Expand[(x-Pi)^15]
Out[2]=
    15         14             13  2         12  3
 -Pi   + 15 Pi   x - 105 Pi   x  + 455 Pi   x  -

         11  4          10  5          9  6
 1365 Pi   x  + 3003 Pi   x  - 5005 Pi  x  +

         8  7          7  8          6  9
 6435 Pi  x  - 6435 Pi  x  + 5005 Pi  x  -

         5  10          4  11         3  12
 3003 Pi  x   + 1365 Pi  x   - 455 Pi  x   +

        2  13          14    15
 105 Pi  x   - 15 Pi x   + x

In[3]:= Expand[(x-a+5)^7]
Out[3]=
                                   2             3          4
 78125 - 109375 a + 65625 a  - 21875 a  + 4375 a  -

     5        6    7
 525 a  + 35 a  - a  + 109375 x - 131250 a x +
```

```
        2              3             4            5
65625 a  x - 17500 a  x + 2625 a  x - 210 a  x +

   6               2            2          2 2
7 a  x + 65625 x  - 65625 a x  + 26250 a  x  -

       3  2        4  2       5  2          3
5250 a  x  + 525 a  x  - 21 a  x  + 21875 x  -

          3         2  3        3  3       4  3
17500 a x  + 5250 a  x  - 700 a  x  + 35 a  x  +

      4          4        2  4       3  4
4375 x  - 2625 a x  + 525 a  x  - 35 a  x  +

     5         5       2  5       6        6    7
525 x  - 210 a x  + 21 a  x  + 35 x  - 7 a x  + x
```

Die Berechnungen für diese Beispiele laufen sehr schnell ab, nur ist die Ausgabe aufgrund ihrer Länge etwas unübersichtlich. Bei vielen Berechnungen werden häufig nur die ersten und/oder die letzten Terme benötigt. Für diese Fälle kann man den Befehl Short benutzen. Eine Anwendung auf das letzte Beispiel: Short[ ]

```
In[4]:= Short[%]
Out[4]//Short=
                          2             7
78125 - 109375 a + 65625 a  + <<32>> + x
```

Die letzte Ausgabe wurde durch % aufgerufen und Short darauf angewendet. Die Ausgabe beinhaltet die ersten beiden Terme und den letzten Term, die Anzahl der nicht angezeigten wird in doppelten spitzen Klammern angegeben.Wenn man mehrere Zeilen des Terms möchte, kann die Anzahl der Ausgabezeilen dem Short-Befehl als zweites Argument übergeben werden: Short

```
In[5]:= Short[%%,2]
Out[5]//Short=
                          2          3         4                 6
78125 - 109375 a + 65625 a  - 21875 a  + 4375 a  + <<28>> + 35 x  -

     6    7
 7 a x  + x
```

Hier erfolgte die Ausgabe zweizeilig. Wenn man sofort die Ausgabe eines expandierten Ausdrucks in Kurzform haben möchte, bieten sich zwei Möglichkeiten an. Bei der ersten Möglichkeit übergibt man dem Short-Befehl das Ergebnis des Expand-Befehls als Argument:

```
In[6]:= Short[Expand[(x+1)^105],2]
Out[6]//Short=
                   2           3             4                   103
1 + 105 x + 5460 x  + 187460 x  + 4780230 x  + <<98>> + 5460 x    +

      104    105
 105 x    + x
```

Bei der zweiten Möglichkeit wird die Ausgabe beim Expandieren unterdrückt, indem man den Befehl mit einem Semikolon abschließt und als nächstes den Short-Befehl aufruft:

```
In[7]:= Expand[(x+1)^105];

In[8]:= Short[%]

Out[8]//Short=      2                     105
1 + 105 x + 5460 x  + <<102>> + x
```

Des öfteren benötigt man auch Teile eines expandierten Terms. Hierzu bietet *Mathematica* drei Funktionen an. Um ihre Wirkung zu verdeutlichen, wird ein Term(`t`) benutzt:

```
In[9]:= t=Expand[(x-y+41)^4-(x+y-17)^2]
Out[9]=
                                 2        3    4
 2825472 + 275718 x + 10085 x  + 164 x  + x  -

                                 2       3
 275650 y - 20174 x y - 492 x  y - 4 x  y +

        2         2      2  2        3        3    4
 10085 y  + 492 x y  + 6 x  y  - 164 y  - 4 x y  + y
```

Coefficient

Den Koeffizienten z.B. von x in `t` kann man durch den Befehl `Coefficient` bestimmen:

```
In[10 ]:= Coefficient[t,x]
Out[10]=                          2       3
        275718 - 20174 y + 492 y  - 4 y
```

Exponent

Es werden alle Koeffizienten angegeben, auch diejenigen, die Potenzen von y enthalten. Den höchsten Exponenten z.B. von y in `t` kann man durch den Befehl `Exponent` bestimmen:

```
In[11]:= Exponent[t,y]
Out[11]= 4
```

Part

Dem expandierten Term entnimmt man, daß der höchste Exponent von y vier ist. Um z.B. den siebten Term in `t` zu bestimmen, benutzt man den Befehl `Part`:

```
In[12]:= Part[t,7]
Out[12]= -20174 x y
```

Factor

Bisher wurde das Ausmultiplizieren und Zusammenfassen ganzrationaler Terme ausführlich dargestellt. Häufig benötigt man aber auch die umgekehrte Aufgabenstellung, wenn man die Faktoren eines Terms haben möchte. Diese Aufgabe löst der Befehl `Factor`. Die Faktoren des Terms $x^3 - 6x^2 + 11x - 6$ erhält man durch:

```
In[13]:= Factor[x^3-6x^2+11x-6]
Out[13]= (-3 + x) (-2 + x) (-1 + x)

In[14]:= Factor[100 x^3-135x^2+100x-135]
Out[14]=                            2
        5 (-27 + 20 x) (1 + x)
```

Diese Darstellung enthält nur reelle Faktoren. Um alle – auch die komplexen – zu erhalten, muß man eine voreingestellte Option des Befehls `Factor` verändern. Diese Option lautet `GaussianIntegers`, und ihre Standardeinstellung ist `False`; dieser Wert muß in `True` geändert werden, wenn komplexe Faktoren bestimmt werden sollen. Die Zuweisung eines neuen Wertes geschieht durch den Pfeil `->` :

```
In[15]:= Factor[100 x^3-135x^2+100x-135,
                GaussianIntegers->True]

Out[15]= 5 (-I + x) (I + x) (-27 + 20 x)
```

Expandieren (ausmultiplizieren und zusammenfassen) eines Terms	`Expand[`*exp* `]`
Kurzdarstellung eines Terms	`Short[` *exp* `]`
Kurzdarstellung eines Terms über `n` Zeilen	`Short[` *exp*, `n]`
Faktorisierung eines Terms mit reellen Faktoren	`Factor[` *exp* `]`
Faktorisierung eines Terms mit komplexen Faktoren	`Factor[` *exp* , `GaussianIntegers->True]`
Koeffizienten einer Variablen	`Coefficient[` *exp, var* `]`
Größter Exponent einer Variablen	`Exponent[` *exp, var* `]`
Bestimmung des n-ten Terms in einem Ausdruck	`Part[` *exp, n* `]`
Unterdrücken der Ausgabe	Anfügen eines Semikolons (`;`) an den Befehl

Befehle für ganzrationale Terme

2.3 Rechnen mit Brüchen

Die im letzten Abschnitt beschriebenen Befehle können auch auf Brüche angewendet werden. Vor der Beschreibung dieser Befehle wird als erstes der Befehl `Simplify` vorgestellt, den man zum Zusammenfassen und Vereinfachen von Termen, also auch Brüchen, benutzen kann:

`Simplify`

```
In[1]:= Simplify[(x^3-1)/(x-1)]

                  2
Out[1]=  1 + x + x
```

Das nächste Beispiel zeigt, daß der Befehl `Simplify` Brüche nicht nur kürzt, sondern auch zusammenfaßt:

```
In[2]:= Simplify[((x^6+a^6)(x+1))/
                    ((x^6+a^6)(x^2-a^2)+
                    a^2x^2(x^4-a^4))+
          (a^2 x^2(x+1))/
                    (x^6-a^6-a^2 x^2(x^2 -a^2))]
Out[2]=  1 + x
        --------
          2    2
        -a  + x
```

Um die Auswirkung einiger *Mathematica*-Befehle auf Brüche zu veranschaulichen, wird eine Variable mit dem Namen `bruch` festgelegt:

```
In[3]:= bruch=((x-3)(x+5)^2 (x-7))/((x+1)(x-2)^2)
Out[3]=                                 2
         (-7 + x) (-3 + x) (5 + x)
         -------------------------
                   2
         (-2 + x)  (1 + x)
```

Expand

Um den Zähler dieses Bruches auszumultiplizieren, benutzt man den Befehl `Expand`:

```
In[4]:= Expand[bruch]
Out[4]=         525                    40 x
         ------------------ - ------------------ -
                 2                     2
         (-2 + x)  (1 + x)    (-2 + x)  (1 + x)
                   2                    4
               54 x                    x
        ------------------ + ------------------
                2                    2
        (-2 + x)  (1 + x)    (-2 + x)  (1 + x)
```

Wie man sieht, wurde nur der Zähler ausmultipliziert und der Nenner in der faktorisierten Form beibehalten. Weiterhin erkennt man, daß das Ergebnis als Summe von Einzelbrüchen dargestellt wird, wobei alle Nenner gleich sind und die Potenzen im Zähler wachsen. Wenn bei einem Bruch Zähler und Nenner ausmultipliziert werden sollen, muß man den Befehl `ExpandAll` benutzen:

ExpandAll

```
In[5]:= ExpandAll[bruch]
Out[5]=                                                2
             525              40 x            54 x
         ------------ - ------------ - ------------ +
                2    3         2    3         2    3
         4 - 3 x  + x   4 - 3 x  + x   4 - 3 x  + x
              4
             x
        ------------
               2    3
        4 - 3 x  + x
```

Um das Ergebnis nicht als Summe einzelner Brüche darzustellen, benutzt man den Befehl Together. (Zur Erinnerung: Mit dem %-Zeichen kann man auf die letzte Ausgabe zugreifen.):

Together

```
In[6]:= Together[%]
Out[6]=
                      2    4
        525 - 40 x - 54 x  + x
        ----------------------
                  2    3
           4 - 3 x  + x
```

Um aus einem so kompakten Bruch wie bei der letzten Ausgabe eine Summe einzelner Brüche zu erzeugen, benutzt man den Befehl Apart:

Apart

```
In[7]:= Apart[%]
Out[7]=
              245            917                512
        3 + ----------- - ---------- + x + ---------
                      2   9 (-2 + x)       9 (1 + x)
            3 (-2 + x)
```

Wie man sieht, wurden nicht nur Teilbrüche erzeugt – so wie es oben z.B. der Befehl Expand lieferte – sondern die Teilbrüche möglichst weit gekürzt. Wenn man den Befehl Factor auf die letzte Ausgabe anwendet, wird die Summe zusammengefaßt und das Ergebnis in Zähler und Nenner faktorisiert. Somit erhält man bei diesem Beispiel den Ausgangsterm, der für den Bruch eingegeben wurde:

Factor

```
In[8]:= Factor[%]
Out[8]=
                                      2
        (-7 + x) (-3 + x) (5 + x)
        -------------------------
                  2
        (-2 + x)  (1 + x)
```

Um auf den Zähler und den Nenner eines Bruches zugreifen zu können, stellt *Mathematica* die Befehle Numerator und Denominator zur Verfügung:

Numerator

Denominator

```
In[9]:= Numerator[bruch]
Out[9]=
                                      2
        (-7 + x) (-3 + x) (5 + x)

In[10]:= Denominator[bruch]
Out[10]=
                  2
        (-2 + x)  (1 + x)
```

Vereinfachen von Termen	`Simplify[` *exp* `]`
Ausmultiplizieren des Zählers eines Bruches	`Expand[` *exp* `]`
Ausmultiplizieren des Zählers und des Nenners eines Bruches	`ExpandAll[` *exp* `]`
Zusammenfassen von Brüchen	`Together[` *exp* `]`
Zerlegen von Brüchen in Teilbrüche	`Apart[` *exp* `]`
Faktorisieren des Zählers und des Nenners eines Bruches	`Factor[` *exp* `]`
Zähler eines Bruches	`Numerator[` *exp* `]`
Nenner eines Bruches	`Denominator[` *exp* `]`

Rechnen mit Brüchen

2.4 Aufgaben

1. Berechnen Sie $(x+y-17)(x^2+14x-37)$.
2. Bestimmen Sie den Koeffizienten von y bei dem Term $(x+y-17)(x^2+14x-37)$.
3. Bestimmen Sie die höchste Potenz von x bei dem Term $(x+y-17)(x^2+14x-37)$.
4. Berechnen Sie alle Linearfaktoren des Terms $3x^5-5x^4-27x^3+45x^2-1200x+2000$.
5. Berechnen Sie
$$\frac{x^2-5x+6}{x-3}.$$
6. Multiplizieren Sie den Zähler des Bruches
$$\frac{(x-5)(x+14)}{(x+11)(x-17)}$$
aus.
7. Multiplizieren Sie den Zähler und den Nenner des Bruches
$$\frac{(x-5)(x+14)}{(x+11)(x-17)}$$
aus.
8. Fassen Sie das Ergebnis der Aufgabe **7.** zu einem Bruch zusammen.
9. Zerlegen Sie den Bruch
$$\frac{(x-5)(x+14)}{(x+11)(x-17)}$$
in möglichst einfache Teilbrüche.

Listen, Tabellen und Funktionen

Kapitel 3

3.1 Listen

Listen

Vektoren, Matrizen, Tensoren

Listen sind für viele Computeralgebrasysteme – also auch für *Mathematica* – elementare Datentypen, da man mit ihrer Hilfe z.B. Vektoren, Matrizen und Tensoren darstellen kann. In diesem Abschnitt werden elementare Operationen mit Listen vorgestellt. Das Rechnen mit Vektoren und Matrizen folgt in einem späteren Kapitel.

In *Mathematica* versteht man unter einer Liste eine Zusammenfassung von Objekten. Um die Objekte, die zu einer Liste zusammengefaßt werden, zu kennzeichnen, werden diese durch Kommata voneinander getrennt und in geschweiften Klammern eingeschlossen. Welche Objekte zu einer Liste zusammengefaßt werden können, zeigen die nächsten Beispiele:

```
In[1]:= l1={a,b,c}
Out[1]= {a, b, c}

In[2]:= l2={1,2,3}
Out[2]= {1, 2, 3}

In[3]:= l3={l1,l1,l2}
Out[3]= {{a, b, c}, {a, b, c}, {1, 2, 3}}
```

Mathematisch kann man die ersten beiden Listen als Punkte oder Vektoren interpretieren und die dritte als Matrix. Doch diese Interpretation ist nicht zwingend, denn *Mathematica* kann mit diesen Listen wie mit Zahlen rechnen:

```
In[4]:= l1 + l2
Out[4]= {1 + a, 2 + b, 3 + c}

In[5]:= l1 * l2
```

```
Out[5]= {a, 2 b, 3 c}
In[6]:= l1 / l2
Out[6]=      b  c
        {a, -, -}
             2  3

In[7]:= l1 ^ l2
Out[7]=       2   3
        {a, b , c }
```

Wie man an diesen Beispielen sieht, entsprechen die von *Mathematica* durchgeführten Berechnungen bei der Multiplikation, Division und beim Potenzieren nicht den Regeln, die man aus der Vektorrechnung kennt. Dennoch sind sie gut geeignet, um z.B. Tabellen herzustellen, wie man den Beispielen 4 bis 7 entnehmen kann.

Part

[[ ]]

Um auf ein Element einer Liste zuzugreifen, benutzt man den Befehl `Part` oder alternativ `[[ ]]`. Das zweite Element der ersten Liste erhält man durch

```
In[8]:= Part[l1,2]
Out[8]= b
```

oder alternativ durch

```
In[9]:= l1[[2]]
Out[9]= b
```

Etwas komplizierter ist dies bei der dritten Liste. Um z.B. beim dritten Eintrag in der Liste das erste Element zu erhalten, kann man die folgende Eingabe versuchen:

```
In[10]:= Part[l3,{3,1}]
Out[10]= {{1, 2, 3}, {a, b, c}}
```

Leider ist dies nicht das gewünschte Ergebnis, sondern eine Liste, die den dritten und den ersten Eintrag der Liste `l3` enthält. Das gewünschte Element erhält man durch die Eingabe

```
In[11]:= Part[l3,3,1]
Out[11]= 1
```

Den letzten beiden Beispielen entnimmt man:

- Wenn man Teile einer Liste zu einer Teilliste zusammenfassen möchte, übergibt man dem `Part`-Befehl die Stellen der entsprechenden Teile in der Liste und schließt die Stellen – durch Kommata getrennt – in geschweiften Klammern ein (vgl. Bsp.). Hier wird das Ergebnis immer als Liste ausgegeben!
- Wenn man über verschiedene Ebenen einer Liste auf Listenelemente zugreifen möchte, übergibt man dem `Part`-Befehl nach der Nennung der zu bearbeitenden Liste die Stellen, die man in den einzelnen Ebenen betrachten möchte (vgl. Bsp.).

Um Elemente in einer Liste zu verändern, ruft man das zu verändernde Element mit Hilfe des Befehls `Part` auf und ordnet ihm mit Hilfe des Gleichheitszeichens einen neuen Wert zu. `Part`

```
In[12]:= Part[l3,2,3]=x
Out[12]= x
```

Die Veränderung sieht man, wenn man die Liste betrachtet:

```
In[13]:= l3
Out[13]= {{a, b, c}, {a, b, x}, {1, 2, 3}}
```

Die Elemente einer Liste werden mit geschweiften Klammern zusammengefaßt.

Zugriff auf ein Element der Liste	`Part` [*liste, i*] oder *liste* `[[` *i* `]]`
Zugriff auf mehrere Elemente der Liste	`Part` [*liste*,{ *i, j, ...* }] oder *liste* `[[` { *i, j ...* } `]]`
Zugriff über mehrere Ebenen in einer Liste	`Part` [*liste, i, j, ...*] oder *liste* `[[` *i, j ...* `]]`

Grundlegende Befehle für Listen

3.2 Tabellen

Table

Um eine Tabelle zu erstellen, kann man alle Elemente der Tabelle von Hand in eine Liste eintragen. Da diese Methode etwas umständlich ist, bietet *Mathematica* den Befehl `Table` an. Die Anwendung des Befehls veranschaulichen die nächsten Beispiele. Die dritten Potenzen der natürlichen Zahlen von 1 bis 10 erhält man durch:

```
In[1]:= Table[i^3,{i,1,10}]
Out[1]= {1, 8, 27, 64, 125, 216, 343, 512,
         729, 1000}
```

Bei der Eingabe sieht man, daß man dem Befehl `Table` als erstes Argument den zu tabellierenden Term (die zu tabellierenden Terme) übergibt und im zweiten Argument der Bereich für die Laufvariable – in diesem Beispiel i – spezifiziert wird. Die Tabelle des letzten Beispiels wird besser lesbar, wenn man mit jeder dritten Potenz noch die zugehörige Laufvariable ausgibt.

```
In[2]:= Table[{i,i^3},{i,1,10}]
Out[2]= {{1, 1}, {2, 8}, {3, 27}, {4, 64},
         {5, 125}, {6, 216}, {7, 343},
         {8, 512}, {9, 729}, {10, 1000}}
```

TableForm

Diese Ausgabe ist bereits übersichtlicher als die letzte, aber die Darstellung entspricht noch nicht der bei Tabellen üblichen Form. Der Befehl `TableForm` setzt die Tabelle in der gewohnten Form:

```
In[3]:= TableForm[%]
Out[3]//TableForm=
1    1
2    8
3    27
4    64
5    125
6    216
7    343
8    512
9    729
10   1000
```

Wie man mit dem Befehl `Table` eine Wertetabelle einer Funktion erzeugt, zeigt das nächste Beispiel anhand der Sinusfunktion:

```
In[4]:= Table[{x,Sin[x]},{x,0,Pi,Pi/6}]
```

```
Out[4]=            Pi  1    Pi  Sqrt[3]
        {{0, 0}, {--, -}, {--, -------},
                   6  2    3     2

         Pi        2 Pi  Sqrt[3]    5 Pi  1
        {--, 1}, {----, -------}, {----, -},
         2          3       2         6   2

        {Pi, 0}}
```

Bei der Eingabe sieht man, daß bei der Festlegung des Tabellenbereiches als vierter Parameter die Schrittweite zum Erhöhen (Erniedrigen bei negativen Werten) der Variablen übergeben werden kann. Falls dieser Parameter nicht angegeben wird, hat er standardmäßig den Wert 1. Beim nächsten Beispiel werden die numerischen Näherungswerte der letzten Tabelle in Tabellenform ausgegeben:

```
In[5]:= TableForm[N[%]]
Out[5]//TableForm=
0          0
0.523599   0.5
1.0472     0.866025
1.5708     1.
2.0944     0.866025
2.61799    0.5
3.14159    0
```

Tabelle erstellen	`Table[` *exp* ,{ *x*, *xmin*, *xmax*, *dx* } `]`
Tabelle mit mehreren Variablen erstellen	`Table[` *exp* , { *x*, *xmin*, *xmax*, *dx* }, {*y*, *ymin*, *ymax*, *dy* }, ...`]`
Tabelle setzen	`TableForm[` *liste* `]`

exp : Term oder eine Liste von Termen
x : Variable, die verändert wird
xmin : kleinster Wert für *x*
xmax : größter Wert für *x*
dx : Schrittweite für *x*
Wenn *dx* nicht angegeben wird, wird die Variable um 1 erhöht.

Befehle zum Erstellen von Tabellen

3.3 Funktionen

Funktionen werden in *Mathematica* ebenso wie in der Mathematik definiert, d.h. eine Funktion kann ein Argument oder mehrere Argumente haben, und die Berechnung der Funktionswerte wird mit Hilfe einer Funktionsgleichung durchgeführt. Die Variablen einer Funktion werden in *Mathematica* bei der Definition mit einem Unterstrich (_) gekennzeichnet. Treten mehrere Variablen auf, werden diese durch Kommata getrennt. Alle Argumente werden in eckigen Klammern eingeschlossen. Die Zuweisung des Funktionsterms erfolgt durch :=. Hierzu ein paar Beispiele:

Wertzuweisung mit :=

```
In[1]:= f[x_]:=x^3-x
```

Um den Funktionswert an einer Stelle, z.B. der 1, zu bestimmen, ruft man die Funktion mit dem zugehörigen Argument auf:

```
In[2]:= f[1]
Out[2]= 0
```

Nun ein Beispiel für eine Funktion mit zwei Variablen:

```
In[3]:= g[x_,y_]:=x^2-y^2
```

Den Funktionswert an einer Stelle bestimmt man wie oben:

```
In[4]:= g[1,2]
Out[4]= -3
```

Man sieht, daß für x der Wert 1 und für y der Wert 2 eingesetzt wurde. Mit diesen Werten wurde g[x,y] berechnet. Was geschieht aber, wenn man die Funktion g mit nur einem Argument aufruft?

```
In[5]:= g[7]
Out[5]= g[7]
```

Die Ausgabe zeigt, daß *Mathematica* keine Regel für die Berechnung von g[7] kennt. Daher bleibt der Wert unverändert. Fügt man nun der obigen Definition von f eine weitere Definition hinzu, dann kann man f sowohl mit einem Argument als auch zwei Argumenten aufrufen:

```
In[6]:= f[x_,y_]:= x * Sin[y]
```

```
In[7]:= f[2,3]
Out[7]= 2 Sin[3]
```

```
In[8]:= f[2]
Out[8]= 6
```

Mathematica kennt jetzt eine Regel für die Auswertung von `f` bei einem Argument und eine andere bei zwei Argumenten. Die hier vorgestellte Methode ist faszinierend, aber mit Vorsicht – d.h. mit genauer Planung – einzusetzen.

Funktionen können in *Mathematica* jedoch nicht nur zur Realisierung mathematischer Funktionen benutzt werden, sondern auch zum Programmieren. Dieser Programmiertechnik wird ein eigener Abschnitt gewidmet (s. Kap. 8).

Bei der Definition von Funktionen sollte der Unterstrich bei der Variablenangabe nicht vergessen werden, weil sonst nicht erwünschte Effekte auftreten können:

```
In[9]:= h[x]:=x^2+4

In[10]:= h[3]
Out[10]= h[3]

In[11]:= h[x]
Out[11]=       2
         4 + x
```

Bei den Ausgaben sieht man, daß zur Berechnung von `h[3]` keine Regel vorhanden ist, da *Mathematica* x ohne Unterstrich nicht als Variable, sondern als festes Symbol betrachtet.

Zuweisung des Funktionsterms	`=:`
Variablenbezeichner	*var_*

Funktionen

3.4 Aufgaben

1. Definieren Sie die Funktion f mit $f(x) = x \cdot \sin x$ in *Mathematica*.
2. Erstellen Sie eine Wertetabelle der Funktion f aus **1.** von 0 bis 2π mit der Schrittweite $\frac{\pi}{6}$.
3. Bestimmen Sie mit *Mathematica* den 5. zu zeichnenden Punkt aus der Wertetabelle aus Aufgabe **2.**
4. Bestimmen Sie mit *Mathematica* den Funktionswert an der Stelle $\frac{\pi}{2}$ aus der Wertetabelle aus Aufgabe **2.**

Lösen von Gleichungen

Kapitel 4

Ein wichtige Aufgabe der Algebra ist das Lösen von Gleichungen. Ein Teil dieser Aufgaben kann von Computeralgebrasystemen wie *Mathematica* übernommen werden. Welche Aufgaben *Mathematica* übernehmen kann und welche nicht zeigen die nächsten Abschnitte.

4.1 Lösen ganzrationaler Gleichungen

Unter ganzrationalen Gleichungen werden im weiteren Gleichungen verstanden, die nur ganzrationale Terme – also Terme der Form $a_n x^n + a_{n-1} x^{n-1} + \ldots + a_0$ – bezüglich der Lösungsvariablen enthalten, d.h. keine Wurzelterme, keine trigonometrische Terme etc. Wie man mit *Mathematica* Gleichungen lösen kann, wird im folgenden an Beispielen gezeigt.

Als erstes soll die Lösung der Gleichung $3x+7 = 14$ bestimmt werden. Hierzu bietet *Mathematica* den Befehl `Solve` an: Solve

```
In[1]:= Solve[3x+7==14,x]
Out[1]=       7
        {{x -> -}}
              3
```

Dem Beispiel entnimmt man, daß bei Gleichungen in *Mathematica* ein doppeltes Gleichheitszeichen geschrieben werden muß. Das sonst übliche einfache Gleichheitszeichen kann nicht verwendet werden, da es in *Mathematica* bereits für Wertzuweisungen benutzt wird. Zusätzlich zur Gleichung muß dem Befehl `Solve` die Lösungsvariable durch ein Komma von der Gleichung abgetrennt übergeben werden. Warum dies notwendig ist, zeigen die nächsten Beispiele:

```
In[2]:= Solve[a x + b == 17,x]
Out[2]=              -17 + b
        {{x -> -(-------)}}
                    a
```

Hier wird die Gleichung nach x aufgelöst.

```
In[3]:= Solve[a x + b == 17,a]
Out[3]=              -17 + b
        {{a -> -(-------)}}
                       x
```

Hier wird die Gleichung nach a aufgelöst.

```
In[4]:= Solve[a x + b == 17,b]
Out[4]=  {{b -> 17 - a x}}
```

Hier wird die Gleichung nach b aufgelöst.

Bei der Gleichung $ax + b = 17$ ist aufgrund der Aufgabenstellung unklar, nach welcher der drei Variablen die Gleichung aufzulösen ist. Daher muß demjenigen, der die Aufgabe zu lösen hat – hier ist es *Mathematica* – , mitgeteilt werden, nach welcher der drei Variablen die Gleichung aufzulösen ist. Da man bei *Mathematica* eine einheitliche Syntax für die Befehle anstrebt, muß immer – d.h. auch in eindeutigen Fällen – die Lösungsvariable angegeben werden.

Daß man mit Hilfe von *Mathematica* auch quadratische Gleichungen lösen kann, zeigen die nächsten beiden Beispiele:

```
In[5]:= Solve[-x^2+x+6==0,x]
Out[5]=  {{x -> -2}, {x -> 3}}
```

```
In[6]:= Solve[12x^2+2x==9x^2+9x-2,x]
Out[6]=          1
        {{x -> -}, {x -> 2}}
                 3
```

Beim letzten Beispiel sieht man, daß die Gleichung nicht notwendigerweise in der Form $term[x] = 0$ eingegeben werden muß. *Mathematica* ist auch in der Lage, quadratische Gleichungen mit Parametern zu lösen:

```
In[7]:= Solve[3 a^2 x^2 + 4 a x +1==0,x]
Out[7]=            1            -1
        {{x -> -(-)}, {x -> ---}}
                   a            3 a
```

Reduce

Bei derartigen Gleichungen stellt sich nun die Frage, ob sie für jede Wahl des Parameters lösbar ist. Um diese Frage zu untersuchen, kann man den Befehl `Reduce` benutzen:

```
In[8]:= Reduce[3 a^2 x^2 + 4 a x +1==0,x]
Out[8]=                     1             -1
        a != 0 && (x == -(-) || x == ---)
                            a             3 a
```

Wie man sieht, ist die Syntax von `Reduce` mit der von `Solve` identisch. Nur ist die Darstellung der Lösung eine andere. Bevor auf diese eingegangen wird, werden zuerst die unbekannten Symbole in der Ausgabe erklärt. Das `!=` entspricht dem Ungleichheitszeichen, das `&&` dem logischen „und" ($\wedge$) und das `||` dem logischen „oder" ($\vee$). Betrachtet man nun die Ausgabe, so erkennt man, daß nur für a$\neq$0 eine Lösung existiert.

logische Symbole $\neq \vee \ldots$

Jetzt noch eine komplexere quadratische Gleichung:

```
In[9]:= Reduce[3 a^2 x^2 + 4 a x +b==0,x]
Out[9]=  a != 0 && (x ==
      -4   2 Sqrt[4 - 3 b]
      -- + ---------------
      a          a
      -------------------- ||
               6
          -4   2 Sqrt[4 - 3 b]
          -- - ---------------
          a          a
    x == --------------------) ||
                 6
 a == 0 && b == 0
```

Mathematica kann auch Gleichungen 3.Grades lösen:

```
In[10]:= Solve[x^3+x^2-4x-4==0,x]
Out[10]=  {{x -> -2}, {x -> -1}, {x -> 2}}
```

Nun noch ein Beispiel mit etwas anderen Koeffizienten:

```
In[11]:= Solve[11 x^3-20 x^2- 10 x +22==0,x]

Out[11]=                          1/3
       20                   730 2
{{x -> -- + -------------------------------- +
       33                                1/3
          33 (-36074 + 66 I Sqrt[58479])

                                     1/3
    (-36074 + 66 I Sqrt[58479])
    -----------------------------},
                  1/3
              33 2

                     1/3
       20       365 2    (1 + I Sqrt[3])
 {x -> -- - -------------------------------- -
       33                                1/3
          33 (-36074 + 66 I Sqrt[58479])

                                                      1/3
    (1 - I Sqrt[3]) (-36074 + 66 I Sqrt[58479])
    -------------------------------------------},
                           1/3
                       66 2
```

```
                 1/3
  20        365 2    (1 - I Sqrt[3])
{x -> -- - --------------------------------- -
      33                              1/3
         33 (-36074 + 66 I Sqrt[58479])

                                            1/3
    (1 + I Sqrt[3]) (-36074 + 66 I Sqrt[58479])
    -------------------------------------------}}
                          1/3
                      66 2
```

Da die Ausgabe etwas unübersichtlich ist, kann man mit Hilfe von `N` eine numerische Näherung bestimmen:

```
In[12]:= N[%]
Out[12]=                              -16
            {{x -> 1.61319 - 2.22045 10    I},
                                      -16
             {x -> -1.01567 + 3.03319 10    I},
                                     -17
             {x -> 1.22065 - 8.1274 10    I}}
```

Leider sind diese Werte falsch, da sie alle einen – wenn auch sehr kleinen – Imaginärteil enthalten, obwohl alle Lösungen reell sind. Der Grund für diesen Fehler ist in der systeminternen Rechengenauigkeit von *Mathematica* zu suchen. Er reduziert sich, wenn die Rechengenauigkeit erhöht wird, bleibt aber bis zur maximal erreichbaren Anzahl von Nachkommastellen erhalten. Ähnliche Probleme werden bei Diskussionen über *Mathematica* schon seit längerer Zeit beschrieben. Weshalb diese Fehler vom Hersteller noch nicht beseitigt wurden, entzieht sich meiner Kenntnis.

`NSolve`

Um bei diesem Beispiel die korrekten numerischen Lösungen zu erhalten, muß man den Befehl `NSolve` benutzen. Hier treten die oben beschriebenen Probleme nicht auf! Die Syntax dieses Befehls stimmt mit der des Befehls `Solve` überein:

```
In[13]:= NSolve[11 x^3-20 x^2- 10 x +22==0,x]
Out[13]= {{x -> -1.0156658802924896},
          {x -> 1.220654426396538}, {x -> 1.61319327207777}}
```

Mit *Mathematica* können auch Gleichungen höheren Grades gelöst werden. Dies ist aber symbolisch im allgemeinen nur bis zu Gleichungen 4.Grades aufgrund der Mathematik möglich. *Mathematica* versucht zwar auch Gleichungen höheren Grades symbolisch zu lösen, stößt dabei aber an seine Grenzen. Hier einige Beispiele:

```
In[14]:= Expand[(x^2+2)(x^2-4)(x^2+7)]
Out[14]=            2      4    6
          -56 - 22 x  + 5 x  + x
```

```
In[15]:= Solve[%==0,x]
Out[15]= {{x -> I Sqrt[2]}, {x -> -I Sqrt[2]},
 {x -> I Sqrt[7]}, {x -> -I Sqrt[7]}, {x -> 2},
 {x -> -2}}
```

```
In[16]:= Solve[x^8-17 x^7+19 x^6+43 x^3-37x^2+41==0,x]
Out[16]=                      2        3        6        7
          {ToRules[Roots[-37 x  + 43 x  + 19 x  - 17 x  +
 
            8
           x  == -41, x]]}
```

Roots

Die Angabe ToRules besagt, daß *Mathematica* keine weiteren Vereinfachungen der Lösungen (Roots) mehr durchführen kann. Daher bleibt der symbolische – in diesem Fall der ursprüngliche – Ausdruck erhalten. Der Befehl Roots wird benutzt, um eine (!) Gleichung zu lösen. Da der Befehl Solve allgemeiner angewendet werden kann, wurde dieser bisher benutzt, und er wird auch im weiteren verwendet werden.

Die numerischen Lösungen des letzten Beispiels kann man mit NSolve bestimmen.

```
In[17]:= NSolve[x^8-17 x^7+19 x^6+43 x^3-37x^2+41==0,x]
Out[17]= {{x -> -1.03511}, {x -> -0.863439},
          {x -> -0.0475751 - 1.31185 I},
          {x -> -0.0475751 + 1.31185 I},
          {x -> 0.768138 - 0.651644 I},
          {x -> 0.768138 + 0.651644 I}, {x -> 1.66087},
          {x -> 15.7966}}
```

4.2 Wurzel- und Betragsgleichungen

Mathematica kann nicht nur rein algebraische Gleichungen lösen, sondern auch solche, die man auf algebraische zurückführen kann. Zwei Vertreter hiervon sind Wurzel- und Betragsgleichungen.

```
In[1]:= Solve[Sqrt[x+4]==4,x]
Out[1]= {{x -> 12}}
```

```
In[2]:= Solve[x+Sqrt[x]==3,x]
Out[2]=            7 - Sqrt[13]
         {{x -> ------------}}
                      2
```

Um bei Wurzelgleichungen die echten Lösungen zu erhalten, muß mit allen Lösungen eine Probe durchgeführt werden.

Beim ersten Beispiel liefert das Auswerten der rechten und der linken Seite der Gleichung für x=12 den Wert 4. Beim zweiten Beispiel ist die Probe etwas schwieriger durchzuführen, deshalb soll *Mathematica* diese Aufgabe übernehmen. Da die rechte Seite der Gleichung immer 3 ist, wird nur die linke Seite für die unterschiedlichen Lösungen mit der unten definierten Funktion `ls` (linke Seite) ausgewertet:

```
In[3]:= ls[x_]:= x+Sqrt[x]
```

Die Untersuchung der linken Seite:

```
In[4]:= ls[(7-Sqrt[13])/2]
Out[4]= Sqrt[7 - Sqrt[13]]   7 - Sqrt[13]
        ------------------ + ------------
             Sqrt[2]              2
```

Nun der Versuch, den Ausdruck mit dem Befehl `Simplify` zu vereinfachen:

```
In[5]:= Simplify[(Sqrt[7-Sqrt[13]])/Sqrt[2]+
                  (7-Sqrt[13])/2]
Out[5]= (7 - Sqrt[13] +
          Sqrt[2] Sqrt[7 - Sqrt[13]]) / 2
```

Nun die numerische Näherung:

```
In[6]:= N[%]
Out[6]= 3.
```

Zumindest die numerische Näherung zeigt, daß die dieser Wert eine Lösung der Wurzelgleichung ist. Da die hier vorgestellte Vorgehensweise zur Durchführung der Probe aufwendig ist, bietet *Mathematica* für den Befehl `Solve` bei älteren Versionen (bis 2.1) eine Option an, welche die Probe automatisch durchführt. Die Option ist `VerifySolutions`, der standardmäßig – bis zur Version 2.1 – der Wert `False` zugewiesen wird. Die Anwendung der Option kann man der nächsten Eingabe entnehmen:

`VerifySolutions`

```
In[7]:= Solve[x+Sqrt[x]==3,x,VerifySolutions->True]
Out[7]=          7 - Sqrt[13]
         {{x -> ------------}}
                      2
```

Ab der Version 2.2 wird die Probe automatisch durchgeführt.

Als nächstes wird ein Beispiel für eine Betragsgleichung vorgestellt:

```
In[8]:= Solve[Abs[x^2-10x+20]==4,x]
Out[8]=                           (-1)
                 10 + 2 Sqrt[5 + Abs    [4]]
         {{x -> ----------------------------},
                              2

                          (-1)
                10 - 2 Sqrt[5 + Abs    [4]]
         {x -> ----------------------------}}
                              2
```

Die Lösung wird mit Hilfe der Umkehrfunktion der Betragsfunktion dargestellt. Leider ist die Lösung wenig aussagekräftig. Durch `N` kann man zwar Näherungswerte bestimmen, da diese Gleichung aber symbolisch lösbar ist, wird hier ein anderer Weg vorgestellt, der ohne die Umkehrfunktion des Betrages auskommt. In der Mathematik wird die Identität $|x| = \sqrt{x^2}$ im Reellen gezeigt. Wenn man aufgrund dieser Identität den Betrag ersetzt, erhält man korrekte Lösungen.

```
In[9]:= Solve[Sqrt[(x^2-10x+20)^2]==4,x]
Out[9]=  {{x -> 8}, {x -> 2}, {x -> 6},
          {x -> 4}}
```

Hiermit erhält man alle Lösungen.

4.3 Trigonometrische Gleichungen

Bei trigonometrischen Gleichungen treten häufig ähnliche Probleme wie bei Betragsgleichungen auf. Ein einfaches Beispiel:

```
In[1]:= Solve[Sin[x]==Cos[x],x]
Out[1]=
Solve::tdep:
   The equations appear to involve
     transcendental functions of the
     variables in an essentially
     non-algebraic way.
Solve[Sin[x] == Cos[x], x]
```

Bei der Ausgabe bleibt die Gleichung unverändert und es erscheinen Fehlermeldungen, die auf den problematischen Gebrauch der trigonometrischen Umkehrfunktionen und ihrer Umkehrfunktionen in Gleichungen aufmerksam machen. Eine häufig angewendete Methode, trigonometrische Gleichungen zu lösen, besteht darin, sie in algebraische Gleichungen mit Hilfe des trigonometrischen Pythagoras ($\sin^2 x + \cos^2 x = 1$) umzuwandeln. Diese Zusatzinformation kann dem `Solve`-Befehl als weitere Gleichung übergeben werden. Da dem Solve-Befehl zwei Gleichungen übergeben werden, müssen diese Gleichungen in geschweiften Klammern eingeschlossen werden:

```
In[2]:= Solve[{Sin[x]==Cos[x],Sin[x]^2+Cos[x]^2==1},x]
Out[2]=
Solve::tdep:
   The equations appear to involve
     transcendental functions of the
     variables in an essentially
     non-algebraic way.
  Solve[{Sin[x] == Cos[x],

          2          2
  Cos[x]  + Sin[x]   == 1}, x]
```

Aber auch diese zusätzliche Gleichung liefert noch nicht das gewünschte Ergebnis, da es sich nicht um eine algebraische Gleichung in x, sondern in Sin[x] handelt. Daher sollte die Gleichung auch zunächst nach Sin[x] aufgelöst werden:

```
In[3]:= Solve[{Sin[x]==Cos[x],Sin[x]^2+Cos[x]^2==1},
                   Sin[x]]
Out[3]=  {}
```

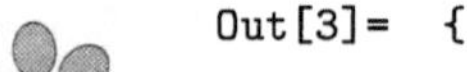

Dies ist jedoch auch noch nicht die gewünschte Lösung. Da in beiden Gleichungen die Sinus- und Cosinusterme gleichberechtigt auftreten, sollte man die Gleichung auch nach beiden auflösen:

```
In[4]:= Solve[{Sin[x]==Cos[x],Sin[x]^2+Cos[x]^2==1},
                  {Sin[x],Cos[x]}]
Out[4]=                        1
          {{Sin[x] ->-( -------),
                        Sqrt[2]
                         1
            Cos[x] -> -(-------)},
                        Sqrt[2]
                       1
           {Sin[x] -> -------,
                      Sqrt[2]
                       1
            Cos[x] -> -------}}
                      Sqrt[2]
```

Wie man sieht, hat diese Methode Erfolg. Um die x-Werte zu bestimmen, müssen noch die vier Gleichungen nach x aufgelöst werden:

```
In[5]:= Solve[Sin[x]==-1/Sqrt[2],x]
Out[5]=
Solve::ifun:
   Warning: Inverse functions are being
     used by Solve, so some solutions
     may not be found.
         -Pi
{{x -> ---}}
          4
```

Leider ist die Lösungen unvollständig. Die Fehlermeldung beschreibt aber zumindest das Problem, daß die Lösungen $\frac{\pi}{4}$ nicht gefunden wird. Bei älteren Versionen – vor 2.2 – wird keine Lösung angegeben. Die weitern Lösungen werden ebenso bestimmt:

```
In[6]:= Solve[Cos[x]==-1/Sqrt[2],x]
Out[6]=
Solve::ifun:
   Warning: Inverse functions are being
     used by Solve, so some solutions
     may not be found.
         3 Pi
{{x -> ----}}
          4

In[7]:= Solve[Sin[x]==1/Sqrt[2],x]
Out[7]=
Solve::ifun:
   Warning: Inverse functions are being
     used by Solve, so some solutions
     may not be found.
         Pi
{{x -> --}}
         4

In[8]:= Solve[Cos[x]==1/Sqrt[2],x]
Out[8]=
Solve::ifun:
   Warning: Inverse functions are being
     used by Solve, so some solutions
     may not be found.
         Pi
{{x -> --}}
         4
```

Diese Lösungen sind auch unvollständig. Ob die oben beschriebene Methode auch bei anderen trigonometrischen Gleichungen eingesetzt werden kann, überprüfen die nächsten Beispiele:

```
In[9]:= Solve[{Cos[x]+ 4 Sin[x]==0,Sin[x]^2+Cos[x]^2==1},
                {Sin[x],Cos[x]}]
Out[9]=                        1
         {{Sin[x] -> -(--------),
                       Sqrt[17]
                           4
           Cos[x] -> --------},
                      Sqrt[17]
                          1
          {Sin[x] -> --------,
                      Sqrt[17]
                         -4
           Cos[x] -> --------}}
                      Sqrt[17]
```

```
In[10]:= Solve[{9 Sin[x]^2+ 6 Cos[x] Sin[x] + Cos[x]^2==0,
                 Sin[x]^2+Cos[x]^2==1},{Sin[x],Cos[x]}]
Out[10]=                       1
         {{Sin[x] -> -(--------),
                       Sqrt[10]
                          3
          Cos[x] -> --------},
                     Sqrt[10]
                         1
         {Sin[x] -> --------,
                     Sqrt[10]
                        -3
          Cos[x] -> --------},
                     Sqrt[10]
                              1
         {Sin[x] -> -(--------),
                       Sqrt[10]
                         3
         Cos[x] -> --------},
                    Sqrt[10]
                         1
         {Sin[x] -> --------,
                     Sqrt[10]
                        -3
          Cos[x] -> --------}}
                     Sqrt[10]
```

Wie man sieht sind andere Gleichungen ebenfalls mit der oben beschriebenen Methode zu lösen. Für andere Probleme müssen unter Umständen andere Zusatzgleichungen angegeben werden. Diese Gleichungen können einer Formelsammlung entnommen werden. Wenn man derartige Zusatzbedingungen während einer *Mathematica*-Sitzung mehrmals benötigt, kann man sie mit Hilfe des Befehls `AlgebraicRules` definieren (Näheres s. [1] S.622).

Gleichheitszeichen für Gleichungen	`==`
Gleichung(en) lösen	`Solve[`*ls* `==` *rs*,*var* `]`
Gleichung lösen	`Roots[`*ls* `==` *rs*,*var* `]` `Roots` kann immer nur bei einer Gleichung angewendet werden!
Alle Lösungen einer Gleichung finden	`Reduce[`*ls* `==` *rs*,*var* `]`

ls : linke Seite der Gleichung
rs : rechte Seite der Gleichung
var : Lösungsvariable

Bei `Solve` und `Reduce` können Listen von Gleichungen und Lösungsvariablen angegeben werden.

Lösen von Gleichungen

4.4 Aufgaben

1. Lösen sie die Gleichungen $15x^2 - 2x - 8 = 0$.
2. Lösen sie die Gleichungen $x^4 - 4x^3 = 17x^2 + 16x + 84$.
3. Lösen sie die Gleichungen $\sqrt{x+2} - 1 = \sqrt{x}$.
4. Lösen sie die Gleichungen $2\cos^2 x + 3\cos x + 1 = 0$.
5. Bestimmen Sie alle Lösungen der Gleichungen

$$\frac{a}{x-b} - 1 = \frac{b}{x-a}$$

in Abhängigkeit von a und b.

Lineare Algebra und Gleichungssysteme

Kapitel 5

5.1 Beschreibung von Matrizen und Vektoren

Eine Matrix kann man sich als Tabelle vorstellen, die – je nach Sichtweise – aus Zeilen oder Spalten aufgebaut ist. Um derartige Tabellen zu erstellen bietet sich der Befehl `Table` an. Eine 2×3 Matrix kann man folgendermaßen erstellen:

```
In[1]:=Table[a[i,j],{i,1,2},{j,1,3}]
Out[1]={{a[1, 1], a[1, 2], a[1, 3]},
       {a[2, 1], a[2, 2], a[2, 3]}}
```

Um die gewohnte Darstellung für eine Matrix zu erhalten, bietet *Mathematica* den Befehl `MatrixForm` an:

MatrixForm

```
In[2]:=MatrixForm[%]
Out[2]=a[1, 1]   a[1, 2]   a[1, 3]
       a[2, 1]   a[2, 2]   a[2, 3]
```

Wie man dieser Ausgabe entnehmen kann, gibt der erste Zähler in den eckigen Klammern die Zeile und der zweite die Spalte an. Alternativ zu dem Befehl `Table` kann man den Befehl `Array` zum Erzeugen von Matrizen benutzen:

Table

Array

```
In[3]:=Array[a,{2,3}]
Out[3]={{a[1, 1], a[1, 2], a[1, 3]},
        {a[2, 1], a[2, 2], a[2, 3]}}
```

Die Ausgabe stimmt mit der ersten überein. Die Schreibweise ist aber etwas kürzer.

Um Diagonalmatrizen zu erzeugen, benutzt man den Befehl `Diagonalmatrix`. Die Diagonalelemente werden als Liste übergeben:

Diagonalmatrix

```
In[4]:=DiagonalMatrix[{1,2,3}]
Out[4]={{1, 0, 0}, {0, 2, 0}, {0, 0, 3}}
In[5]:=MatrixForm[%]
Out[5]=1  0  0
       0  2  0
       0  0  3
```

IdentityMatrix

Der Befehl IdentityMatrix steht zur Erzeugung der Einheitsmatrix zur Verfügung. Dabei muß die Anzahl der Diagonalelemente als Parameter übergeben werden. Die 2×2 Matrix erhält man somit durch:

```
In[6]:=IdentityMatrix[2]
Out[6]={{1, 0}, {0, 1}}
```

Da *Mathematica* Matrizen als Liste von Listen (Zeilen) verwaltet, kann man auf die Elemente einer Matrix wie auf die Elemente einer Liste zugreifen. Um die Vorgehensweise zu verdeutlichen, wird zunächst eine 2×3 Matrix definiert:

```
In[7]:=mat=Array[a,{2,3}]
Out[7]={{a[1, 1], a[1, 2], a[1, 3]},
        {a[2, 1], a[2, 2], a[2, 3]}}
```

Wie in Kapitel 2 dargestellt, kann man die zweite Zeile der Matrix (den zweiten Listeneintrag) durch den folgenden Befehl erhalten:

```
In[8]:=mat[[2]]
Out[8]={a[2, 1], a[2, 2], a[2, 3]}
```

Das dritte Element der ersten Zeile der Matrix erhält man somit durch:

```
In[9]:=mat[[1,3]]
Out[9]=a[1, 3]
```

Transpose

Um auf die Spalten der Matrix zuzugreifen, transponiert man sinnvollerweise die Matrix (man vertauscht die Zeilen und Spalten der Matrix, d.h. aus der ersten Spalte der ursprünglichen Matrix wird die erste Zeile der transponierten etc.). Zum Transponieren von Matrizen gibt es in *Mathematica* den Befehl Transpose:

```
In[10]:=Transpose[mat]
Out[10]={{a[1, 1], a[2, 1]}, {a[1, 2], a[2, 2]},
        {a[1, 3], a[2, 3]}}
```

Die zweite Spalte der Ausgangsmatrix ergibt sich durch:

```
In[11]:=Transpose[mat][[2]]
Out[11]={a[1, 2], a[2, 2]}
```

Im manchen Fällen benötigt man auch eine Teilmatrix. Hierzu ruft man die Matrix in *Mathematica* mit zwei Listen auf, die den gewünschten Teilbereich beschreiben. Die erste Liste enthält die Beschreibung für die Zeilen, die zweite für die Spalten. Die Teilmatrix, die aus den letzten beiden Spalten unserer Matrix besteht, erhält man durch:

```
In[12]:=mat[[{1,2},{2,3}]]
Out[12]={{a[1, 2], a[1, 3]}, {a[2, 2], a[2, 3]}}
```

Vektoren kann man in *Mathematica* als einzeilige Matrizen oder als Listen darstellen. Hier sollte man bei der Angabe als Matrix jedoch beachten, daß man nur die Spaltenzahl und nicht die Zeilenzahl (!) angibt. Dazu mehr im übernächsten Abschnitt.

Beschreibung einer Matrix	`Table[` *m[i,j]* ,{*i,imin,imax*},{*j,jmin,jmax*} `]` oder `Array[` *m* ,{*imax*},{*jmax*} `]`
Beschreibung eines Vektors	`Array[` *m* ,*imax* `]`
Transponierte einer Matrix	`Tranpose[` *m* `]`
Zeile einer Matrix	*m* `[[` *i* `]]`
Spalte einer Matrix	`Transpose[` *m* `] [[` *i* `]]`
Element einer Matrix	*m* `[[` *i,j* `]]`
Teilmatrix	*m* `[[`{*imin,imax*}, {*jmin,jmax*} `]]`
Diagonalmatrix	`DiagonalMatrix[` *liste* `]`
Einheitsmatrix	`IdentityMatrix[` *n* `]`

m : Matrix
i : Zeilennummer
j : Spaltennummer
imin : minimale Zeilenzahl
jmin : minimale Spaltenzahl
imax : maximale Zeilenzahl
jmax : maximale Spaltenzahl

Matrizen

5.2 Matrizenumformungen

Da Matrizen in *Mathematica* Listen sind, gelten für die Addition und Subtraktion von Matrizen die in Kapitel 3 beschriebenen

Regeln. Bei der Multiplikation muß man zwischen der Multiplikation mit einem Skalar und der Multiplikation von Matrizen unterscheiden. Um die Befehle zu demonstrieren, werden drei Matrizen definiert:

```
In[1]:=mat1=Array[a,{2,3}]
Out[1]={{a[1, 1], a[1, 2], a[1, 3]},
        {a[2, 1], a[2, 2], a[2, 3]}}

In[2]:=mat2=Array[b,{3,2}]
Out[2]={{b[1, 1], b[1, 2]}, {b[2, 1], b[2, 2]},
        {b[3, 1], b[3, 2]}}

In[3]:=mat3=Array[c,{2,3}]
Out[3]={{c[1, 1], c[1, 2], c[1, 3]},
        {c[2, 1], c[2, 2], c[2, 3]}}
```

Beim Versuch, die Matrizen mat1 und mat2 zu addieren, erhält man die folgende Fehlermeldung:

```
In[4]:=mat1+mat2
Out[4]=Thread::tdlen:
      Objects of unequal length in TooBig
      cannot be combined.
       {{a[1, 1], a[1, 2], a[1, 3]},
        {a[2, 1], a[2, 2], a[2, 3]}} +
        {{b[1, 1], b[1, 2]}, {b[2, 1], b[2, 2]},
         {b[3, 1], b[3, 2]}}
```

Die Fehlermeldung besagt, daß die Addition (bzw. Subtraktion) von Matrizen mit ungleicher Zeilen- oder Spaltenzahl nicht möglich ist. Nun die Summe der ersten und dritten Matrix:

```
In[5]:=mat1+mat3
Out[5]={{a[1, 1] + c[1, 1], a[1, 2] + c[1, 2],
         a[1, 3] + c[1, 3]},
        {a[2, 1] + c[2, 1], a[2, 2] + c[2, 2],
         a[2, 3] + c[2, 3]}}
```

Mathematica führt hier die Addition mathematisch korrekt durch. Für die Subtraktion gilt das gleiche.
Um eine Matrix mit einer Zahl zu multiplizieren, trennt man beide durch ein Leer- oder ein Malzeichen:

```
In[6]:=7*mat1
Out[6]={{7 a[1, 1], 7 a[1, 2], 7 a[1, 3]},
        {7 a[2, 1], 7 a[2, 2], 7 a[2, 3]}}
```

Das gleiche Ergebnis erhält man durch die Eingabe von 7 mat1. Diese Vorgehensweise ist in der Mathematik üblich. *Mathematica* kann aber auch eine Zahl und eine Matrix addieren, was in der Mathematik verboten ist, da es sich um unterschiedliche Objekte handelt. Ein Beispiel:

```
In[7]:=17+mat2
Out[7]={{17 + b[1, 1], 17 + b[1, 2]},
        {17 + b[2, 1], 17 + b[2, 2]},
        {17 + b[3, 1], 17 + b[3, 2]}}
```

Diese Vorgehensweise ist zwar bei der Eingabe bequem, sollte aber mit Vorsicht benutzt werden.

Um Matrizen in *Mathematica* zu multiplizieren, verbindet man die Matrizen mit einem Punkt. Diese Multiplikation entspricht dem in der Mathematik gebräuchlichen Verfahren:

```
In[8]:=mat1.mat2
Out[8]={{a[1, 1] b[1, 1] + a[1, 2] b[2, 1] +
          a[1, 3] b[3, 1], a[1, 1] b[1, 2] +
          a[1, 2] b[2, 2] + a[1, 3] b[3, 2]},
        {a[2, 1] b[1, 1] + a[2, 2] b[2, 1] +
          a[2, 3] b[3, 1], a[2, 1] b[1, 2] +
          a[2, 2] b[2, 2] + a[2, 3] b[3, 2]}}
```

Um Matrizen multiplizieren zu können, muß die Zeilenlänge der ersten Matrix mit der Spaltenlänge der zweiten Matrix übereinstimmen. Als weiteres Beispiel wird die Matrizeninversion quadratischer Matrizen vorgestellt. Der Befehl heißt **Inverse**:

Inverse

```
In[9]:=mat4=Array[d,{2,2}]
Out[9]={{d[1, 1], d[1, 2]}, {d[2, 1], d[2, 2]}}
```

```
In[10]:=Inverse[mat4]
Out[10]=                        d[2, 2]
        {{-----------------------------------,
          -(d[1, 2] d[2, 1]) + d[1, 1] d[2, 2]
                                 d[1, 2]
          -(-----------------------------------)},
             -(d[1, 2] d[2, 1]) + d[1, 1] d[2, 2]
                                 d[2, 1]
         {-(-----------------------------------),
             -(d[1, 2] d[2, 1]) + d[1, 1] d[2, 2]
                              d[1, 1]
          -----------------------------------}}
          -(d[1, 2] d[2, 1]) + d[1, 1] d[2, 2]
```

Hier wurde absichtlich ein einfaches Beispiel gewählt – *Mathematica* kann auch schwierigere – , um die Lesbarkeit der Ausgabe noch sicherzustellen.

Ferner stellt *Mathematica* auch Befehle zur Berechnung der Eigenwerte und der Determinante einer Matrix zur Verfügung. Wie die Befehle anzuwenden sind, zeigen die nächsten Beispiele für die vierte Matrix:

```
In[11]:=Eigenvalues[mat4]
Out[11]={(d[1, 1] + d[2, 2] +
                                2
              Sqrt[d[1, 1]  + 4 d[1, 2] d[2, 1] -
                                                 2
                 2 d[1, 1] d[2, 2] + d[2, 2] ]) / 2,
          (d[1, 1] + d[2, 2] -
                                2
              Sqrt[d[1, 1]  + 4 d[1, 2] d[2, 1] -
                                                 2
                 2 d[1, 1] d[2, 2] + d[2, 2] ]) / 2}
In[12]:=Det[mat4]
Out[12]=-(d[1, 2] d[2, 1]) + d[1, 1] d[2, 2]
```

Mit den hier vorgestellten Befehlen ist der Befehlsumfang, den *Mathematica* für Matrizen anbietet, noch lange nicht vollständig beschrieben. Mit jeder *Mathematica*-Version kommen Zusatzpakete, die noch viele Befehle zur Matrizenmanipulation enthalten.

Matrizenaddition	`+`
Multiplikation einer Matrix mit einer Zahl	`*` oder das Leerzeichen
Matrizenmultiplikation	`.`
Matrizeninversion für quadratische Matrizen	`Inverse [` *m* `]`
Eigenwerte einer quadratischen Matrix	`Eigenvalues [` *m* `]`
Determinante einer quadratischen Matrix	`Det [` *m* `]`

Rechnen mit Matrizen

5.3 Rechnen mit Vektoren

Für die Addition und Subtraktion von Vektoren gelten die gleichen Regeln wie bei Matrizen. Ebenso kann man Vektoren mit Skalaren multiplizieren. Daher werden nur einige Beispiele angegeben:

```
In[1]:=v1=Array[a,{3}]
Out[1]={a[1], a[2], a[3]}
```

```
In[2]:=v2=Array[b,{3}]
Out[2]={b[1], b[2], b[3]}
In[3]:=v3=Array[c,{3}]
Out[3]={c[1], c[2], c[3]}
In[4]:=v1+v2
Out[4]={a[1] + b[1], a[2] + b[2], a[3] + b[3]}

In[5]:=v1-v2
Out[5]={a[1] - b[1], a[2] - b[2], a[3] - b[3]}

In[6]:=19 v1
Out[6]={19 a[1], 19 a[2], 19 a[3]}
```

Das Skalarprodukt zweier Vektoren kann man, wie bei Matrizen, mit Hilfe des Punktes berechnen:

```
In[7]:=v1.v2
Out[7]=a[1] b[1] + a[2] b[2] + a[3] b[3]
```

Der Ausgabe entnimmt man, daß das Skalarprodukt in der üblichen Form berechnet wird. Da das Skalarprodukt nicht assoziativ ist (d.h. i.a. ist $(\vec{x}\vec{y})\vec{z} \neq \vec{x}(\vec{y}\vec{z})$), wird im nächsten Beispiel das Skalarprodukt `v1.v2.v3` betrachtet:

```
In[8]:=v1.v2.v3
Out[8]=(a[1] b[1] + a[2] b[2] + a[3] b[3]) .
        {c[1], c[2], c[3]}
```

Mathematica berechnet zunächst `v1.v2` und versucht dann das Ergebnis der Multiplikation mit dem dritten Vektor skalar zu multiplizieren. Da diese Multiplikation mathematisch nicht sinnvoll ist, läßt *Mathematica* das Zwischenergebnis unverändert stehen. Daher sollte man sich bei der Multiplikation von Vektoren vor der Eingabe in *Mathematica* genau überlegen, ob die Eingabe mathematisch sinnvoll ist.

Beim Rechnen mit Vektoren benötigt man auch häufig das Kreuzprodukt. Um das Kreuzprodukt zweier Vektoren mit *Mathematica* zu berechnen, müssen zusätzliche Befehle geladen werden, die in einer Zusatzdatei (Package) gespeichert sind.

Das Laden der Befehle geschieht durch die folgende Eingabe:

Laden von Zusatzbefehlen

```
<<Calculus`VectorAnalysis`
```

Wenn *Mathematica* korrekt installiert wurde, befindet sich im Unterverzeichnis `Calculus` die Datei `VectorAnalysis.m`. Die Eingabe der Erweiterung `.m` ist vom Betriebssystem abhängig. Die Einschachtelung des Wortes `VectorAnalysis` in einfache Anführungszeichen(`) muß jedoch erfolgen. Es folgen zwei Beispiele zur Berechnung des Kreuzproduktes, erst ein einfaches, dann das Kreuzprodukt der Vektoren `v1` und `v2`:

```
In[9]:=CrossProduct[{1,0,0},{0,1,0}]
Out[9]={0, 0, 1}
In[10]:=CrossProduct[v1,v2]
Out10[]={-(a[3] b[2]) + a[2] b[3], a[3] b[1] - a[1] b[3],
        -(a[2] b[1]) + a[1] b[2]}
```

Addition von Vektoren	+
Multiplikation eines Vektors mit einer Zahl	*
Skalarprodukt	.
Kreuzprodukt	CrossProduct [*v1,v2*]

Rechnen mit Vektoren

5.4 Lösen von Gleichungssystemen

Zunächst wird etwas breiter auf lineare Gleichungssysteme eingegangen, um dann die Lösung beliebiger Gleichungssysteme an Beispielen darzustellen.

Solve

Reduce

Zum Lösen linearer Gleichungssysteme mit *Mathematica* kann man wie bei Gleichungen die Befehle `Solve` und `Reduce` benutzen. Es stellt sich nur die Frage nach der Eingabe des Gleichungssystems. Eine einfache Möglichkeit ist die Eingabe der Gleichungen und der Lösungsvariablen in Form einer Liste. Die genaue Schreibweise entnimmt man dem nächsten Beispiel:

```
In[1]:=Solve[{ x - 3 y -   z ==4,
             2 x +   y +   z ==3,
             3 x - 2 y - 2 z == 1},{x,y,z}]
Out[1]={{x -> 1, y -> -2, z -> 3}}
```

Eine etwas kürzere Methode für die Eingabe des Systems zeigt das nächste Beispiel. Zunächst gibt man die Koeffizientenmatrix des Gleichungssystems ein, multipliziert diese skalar mit dem Vektor `x,y,z` und setzt das Ergebnis gleich dem Ergebnisvektor `4,3,1`:

```
In[2]:=Solve[{{1,- 3, -1},{2,1,1},{3,-2,-2}}.{x,y,z}==
     {4,3,1},{x,y,z}]
Out[2]={{x -> 1, y -> -2, z -> 3}}
```

Natürlich kann *Mathematica* auch Gleichungssysteme lösen, bei denen die Anzahl der Gleichungen und der Variablen nicht übereinstimmt. Hierzu zwei Beispiele:

```
In[3]:=Solve[{{5,2},{3,-1},{2,3}}.{x,y}=={5,14,-9}, {x,y}]
Out[3]={{x -> 3, y -> -5}}
```

```
In[4]:=Solve[{{2,2,-4,5},{0,0,2,-1},{1,1,1,1}}.
        {a,b,c,d}=={5,1,4},{a,b,c,d}]
Out[4]=  7       3 d        1   d
   {{a -> - - b - ---, c -> - + -}}
         2        2         2   2
```

Im letzten Beispiel wurden b und d als Parameter der Lösung gewählt, was aufgrund der Struktur der Lösungsmenge sinnvoll ist.

Bei Gleichungssystemen mit Parametern kann *Mathematica* ebenfalls die Lösungen finden, wobei man die Lösungsvariablen genau angeben muß:

```
In[5]:=Solve[{{1,0,t},{0,1,-1},{t,1,0}}.{x,y,z}=={4,0,3},
              {x,y,z}]
Out[5]=                                      2
                t (-3 + 4 t)          3 - 4 t
       {{x ->4 + ------------,  y -> -(-------),
                       2                   2
                  1 - t              -1 + t

              3 - 4 t
         z -> -(-------)}}
                    2
              -1 + t
```

```
In[6]:=Solve[{{1,0,t},{0,1,-1},{t,1,0}}.{x,y,z}==
              {4,0,3},
              {x,y,t}]
Out[6]=                                      2
        {{y -> z, x -> 2 - Sqrt[4 - 3 z + z ],

                 4 + Sqrt[16 - 4 (3 - z) z]
          t -> --------------------------},
                          2 z
                                         2
         {y -> z, x -> 2 + Sqrt[4 - 3 z + z ],

                 4 - Sqrt[16 - 4 (3 - z) z]
          t -> --------------------------}}
                          2 z
```

Die letzten beiden Beispiele zeigen, daß *Mathematica* die Lösung je nach Angabe der Lösungsvariablen bestimmt. Es wird aber nicht die Existenz der Lösung für alle Parameterwerte untersucht. Diese Aufgabe kann man mit dem Befehl `Reduce` lösen:

```
In[7]:=Reduce[{{1,0,t},{0,1,-1},{t,1,0}}.{x,y,z}=={4,0,3},
              {x,y,z}]
Out[7]=                                       -3 + 4 t          -4 + 3 t
        -1 + t != 0 && 1 + t != 0 && y == -------- && x == -------- &&
                                                  2                 2
                                          -1 + t            -1 + t
```

```
         -3 + 4 t
z == --------
               2
         -1 + t
```

Selbst bei Gleichungssystemen, bei denen hohe Anforderungen an die Rechengenauigkeit gestellt werden, findet *Mathematica* die exakte Lösung (vgl. [5]), so daß man nur bei sehr großen Gleichungssystemen auf Näherungsverfahren zurückgreifen muß:

```
In[8]:=Solve[{{3,4},{300000,400001}}.{x,y}=={7,700001},{x,y}]
Out[8]={{x -> 1, y -> 1}}
```

Nun noch zwei Beispiele zu nicht linearen Gleichungssystemen:

```
In[9]:=Solve[{3 x^2 +4 y^2==16,4 x^2 + 3y^2==19},{x,y}]
Out[9]={{x -> -2, y -> -1}, {x -> -2, y -> 1},
        {x -> 2, y -> -1}, {x -> 2, y -> 1}}
```

```
In[10]:=Solve[{x+2 y==20,x^2+y^2==100},{x,y}]
Out[10]={{x -> 0, y -> 10}, {x -> 8, y -> 6}}
```

Den Beispielen entnimmt man, daß *Mathematica* kleinere nicht lineare Gleichungssysteme gut lösen kann. Da größere Systeme i.a. nicht analytisch gelöst werden können, muß man zu deren Lösungen numerische Verfahren benutzen, wie sie z.B. der Befehl

NSolve

`NSolve` anbietet.

Gleichheitszeichen für Gleichungen	`==`
Gleichungssystem lösen	`Solve[` { *ls* `==` *rs* ... },*var* `]` oder `Solve[` *m* `.`*vektor*,*var* `]`
Alle Lösungen eines Gleichungssystems finden	`Reduce[` {*ls* `==` *rs* ...}, *var*`]` oder `Reduce[` *m* `.`*vektor*,*var* `]`
Gleichungssystems finden	

ls : linke Seite der Gleichung
rs : rechte Seite der Gleichung
var : Liste der Lösungsvariablen
m : Matrix des Gleichungssystems
vektor : Vektor mit den Variablen des Gleichungssystems

Lösen von Gleichungssystemen

5.5 Aufgaben

Gegeben sind die Matrizen:

$$M_1 = \begin{pmatrix} 1 & 2 & 3 \\ 4 & 5 & 6 \\ 7 & 8 & 9 \end{pmatrix} \qquad M_2 = \begin{pmatrix} 1 & 0 & 1 \\ 0 & 1 & 0 \\ 0 & 1 & 1 \end{pmatrix}$$

1. Bestimmen Sie die Summen der Matrizen M_1 und M_2.
2. Bestimmen Sie das Produkt der Matrizen M_1 und M_2.
3. Bestimmen Sie die Transponierte der Matrix M_1 .
4. Bestimmen Sie die Determinante der Matrix M_2 .
5. Bestimmen Sie die Inverse der Matrix M_2 .
6. Lösen Sie das folgende Gleichungssystem:

$$\begin{array}{rcrcrcr} 2x & + & 8y & + & 14z & = & 178 \\ 7x & + & y & + & 4z & = & 74 \\ 4x & + & 7y & + & z & = & 77 \end{array}$$

Grafiken

Kapitel 6

Eine große Stärke von *Mathematica* ist das Erstellen von Zeichnungen. Dabei besticht *Mathematica* vor allem durch seine Fähigkeiten bei der Darstellung dreidimensionaler Schaubilder.

In diesem Kapitel wird zuerst die Darstellung zweidimensionaler und dann dreidimensionaler Grafiken vorgestellt.

6.1 2D-Grafiken

Um das Schaubild einer Funktion mit *Mathematica* zu zeichnen, benutzt man den mächtigen Befehl `Plot`. Dieser Befehl wird als mächtig bezeichnet, da man ihm einige Parameter übergeben und mehr als 40(!) Optionen setzen kann. Eine vollständige Beschreibung aller Optionen würde den Umfang dieses Buches überschreiten, so daß hier nur einige wichtige beschrieben werden. Dem Befehl `Plot` müssen die zu zeichnende Funktion und der Zeichenbereich übergeben werden. Es folgt ein Beispiel für die Darstellung des Schaubildes der Sinusfunktion:

`Plot`

```
In[1]:=Plot[Sin[x],{x,0,2 Pi}]
```

```
Out[1]=
```

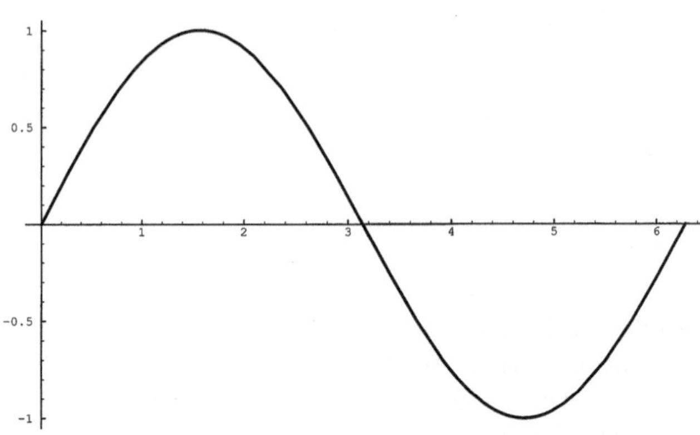

Evaluate

Bei diesem Aufruf des Befehls `Plot` überprüft *Mathematica* zunächst, welche x-Werte für die Zeichnung benötigt werden und wertet dann die Funktion für diese x-Werte aus. Dieser Weg ist üblicherweise der schnellste. Soll die Funktion zuerst ausgewertet und dann die x-Werte festgelegt werden, kann man dies mit dem Befehl `Evaluate` tun. Der Aufruf für das letzte Beispiel hätte dann folgendes Aussehen:

```
Plot[Evaluate[Sin[x]],{x,0,2 Pi}]
```

Dieser Aufruf kann dann sinnvoll sein, wenn die Funktion besser zuerst ausgewertet wird. Dies tritt z.B. bei Legendreschen, Hermiteschen und Laguerreschen Polynomen auf.

Wenn die Schaubilder mehrerer Funktionen in einem Koordinatensystem dargestellt werden sollen, übergibt man die Funktionen dem `Plot`-Befehl als Liste, die in geschweifte Klammern eingeschlossen wird:

```
In[2]:=Plot[{Sin[x],Sin[2 x]},{x,0,2 Pi}]
```

```
Out[2]=
```

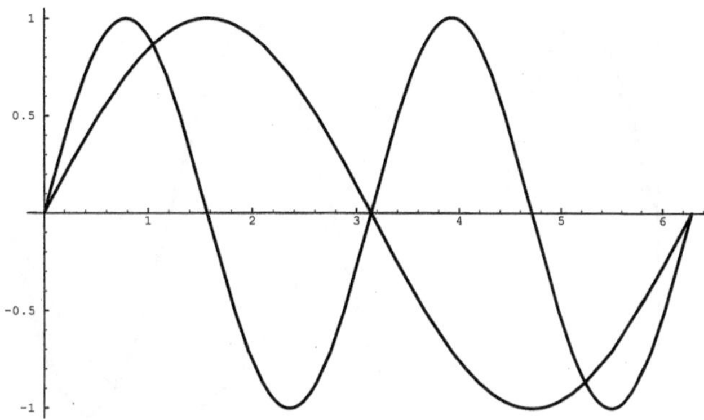

Bei dieser Ausgabe sind die einzelnen Schaubilder schlecht zu unterscheiden. Als Unterscheidungsmerkmale bieten sich Farben, unterschiedliche Linienarten sowie unterschiedliche Strichstärken an. Diese Merkmale können in *Mathematica* alle realisiert werden. Im nächsten Beispiel wird die Vorgehensweise für unterschiedliche Strichstärken dargestellt. Die Strichstärke wird durch den Befehl `Thickness` festgelegt. (Dies ist eine relative Angabe in Bezug auf die Gesamtgröße der Zeichnung.) Mit Hilfe des Befehls `PlotStyle` kann man den einzelnen Funktionen, die in der ersten Liste enthalten sind, die Strichstärken zuordnen:

`Thickness`

`PlotStyle`

```
In[3]:=Plot[{Sin[x],Sin[2 x]},{x,0,2 Pi},
          PlotStyle->{Thickness[0.005],
          Thickness[0.01]}]
```

```
Out[3]=
```

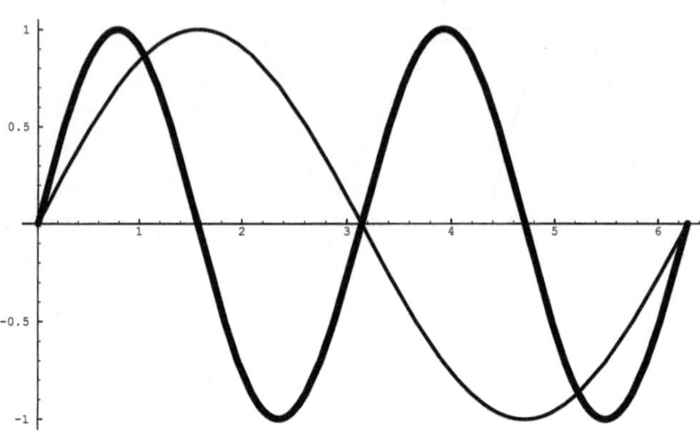

RBGColor

Dashing

AxesLabel

Für die Auswahl der Zeichenfarbe und der Strichart stehen die Optionen `RBGColor` und `Dashing` zur Verfügung. Die Achsen des Koordinatensystems kann man mit der Option `AxesLabel` beschriften. Diese Beschriftungen müssen in doppelte Anführungszeichen eingeschlossen werden. Bei der Beschreibung der Option `AxesLabel` enthält die Liste an der ersten Stelle die Beschriftung für die erste Achse (x-Achse) und an der zweiten die für die zweite Achse (y-Achse).

Show

Um sich grafische Ausgaben, die zuvor definiert wurden, anzuschauen, kann man den Befehl `Show` benutzen:

```
In[4]:=Show[%,AxesLabel->{"x-Achse","y-Achse"}]
```

Out[4]=

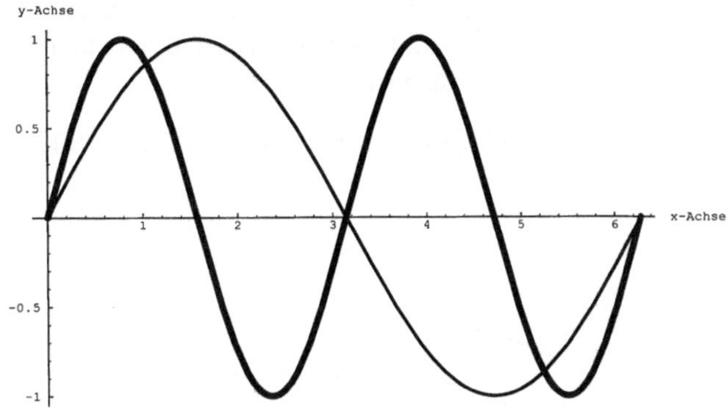

Mit den Optionen **Frame** und **GridLines** kann man die Ausgabe einrahmen und mit einem Gitter hinterlegen:

Frame

GridLines

```
In[5]:=Show[%,AxesLabel->{"x-Achse","y-Achse"},
        Frame->True,
        GridLines->Automatic]
```

Out[5]=

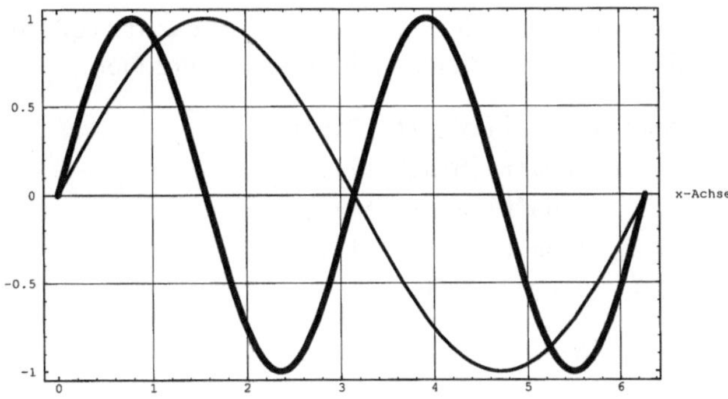

Bei dieser Zusammensetzung der Optionen wird die y-Achse nicht beschriftet. Um auch hier die gewünschte Beschriftung zu erhalten, muß man die Option **FrameLabel** statt der Option **AxesLabel** benutzen. Falls auf beiden Achsen gleiche Achseneinteilungen gewünscht werden, muß man der Option **AspectRatio** den Wert 1 zuordnen.

FrameLabel

AxesLabel

AspectRatio

6.1.1 Parametrisierte Kurven

ParametricPlot

Bei vielen Anwendungen treten parametrisierte Kurven auf. Zum Zeichnen dieser Kurven wird der Befehl `ParametricPlot` angeboten. Die Anwendung entspricht der des Befehls `Plot`. Im ersten Beispiel wird eine Spirale dargestellt:

```
In[1]:=ParametricPlot[{t Sin[t],t Cos[t]},{t,0,8 Pi}]
Out[1]=
```

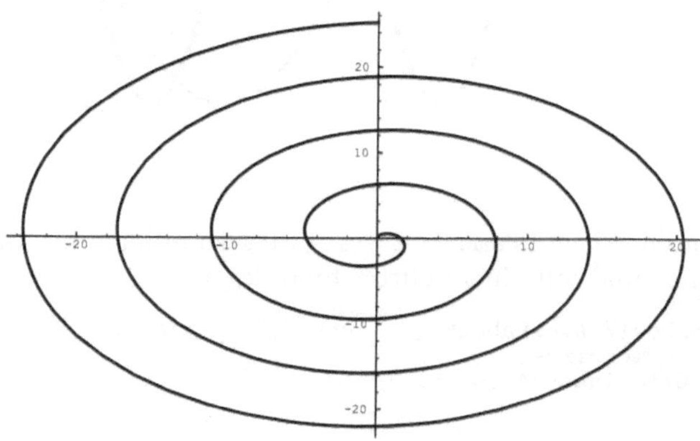

Wie bei vielen anderen Befehlen kann man `ParametricPlot` ebenfalls eine Liste (parametrisierter Kurven) übergeben.

```
In[2]:=ParametricPlot[{{Cos[t],Sin[t]},
                  {Cos[t],Sin[2 t]},
                  {Cos[t],Sin[3 t]} ,
                  {Cos[t],Sin[4 t]}},
                   {t,0,2 Pi}]
```

Out[2]=

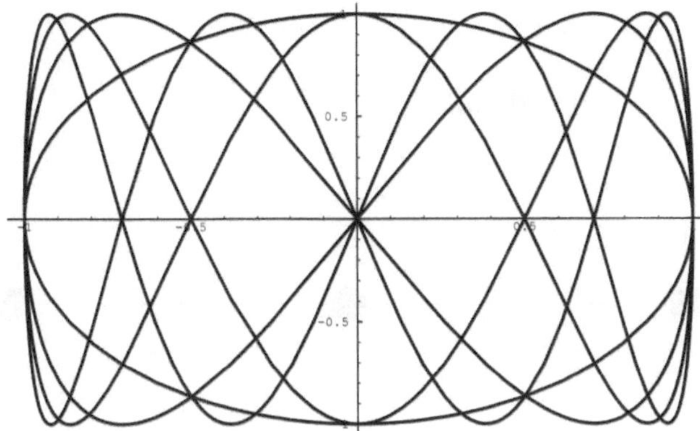

Leider läßt sich die Liste bei den mir zugänglichen *Mathematica*-Versionen nicht mit `Table` direkt an `ParametricPlot` übergeben.

6.1.2 Darstellung von Tabellen

Eine Anwendung, die auch häufig auftritt, ist das grafische Aufbereiten von Tabellen. Um die Vorgehensweise zu erläutern, wird zuerst eine Tabelle definiert. Tabellen können aber auch mit Hilfe des Befehls `ReadList` von einem Datenträger eingelesen werden. Bei der Struktur der Tabelle ist es nur wichtig, daß jeder Eintrag aus genau zwei zeichenbaren Zahlen besteht, d.h. die Liste darf keine Symbole enthalten, die *Mathematica* nicht in Dezimalzahlen umwandeln kann:

ReadList

```
In[1]:=tabelle={{0,0},{1,2},{2,0},{3,-2},{4,0}}
Out[1]={{0, 0}, {1, 2}, {2, 0}, {3, -2}, {4, 0}}
```

Die Werte der Tabelle kann man mit dem Befehl `ListPlot` in einem Schaubild darstellen. Damit man die Punkte besser sieht, wurde die Punktgröße mit der Option `PointSize` erhöht:

ListPlot

PointSize

```
In[2]:=ListPlot[tabelle,PlotStyle->PointSize[0.05]]
```

```
Out[2]=
```

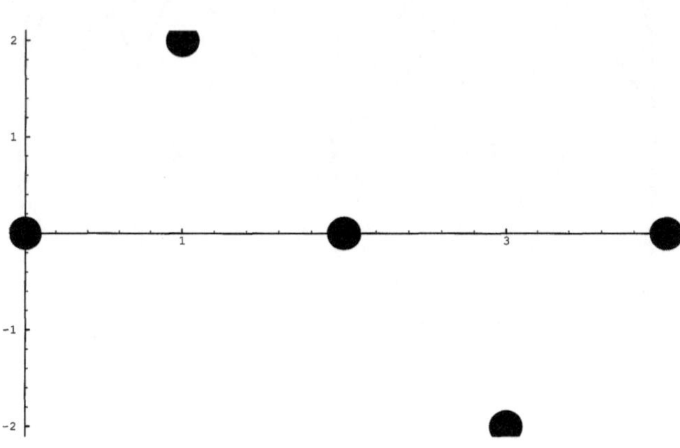

PlotJoined

Wenn die Punkte in der Tabelle verbunden werden sollen, setzt man die Option `PlotJoined` auf den Wert `True`:

```
In[3]:=ListPlot[tabelle,PlotJoined->True]
Out[3]=
```

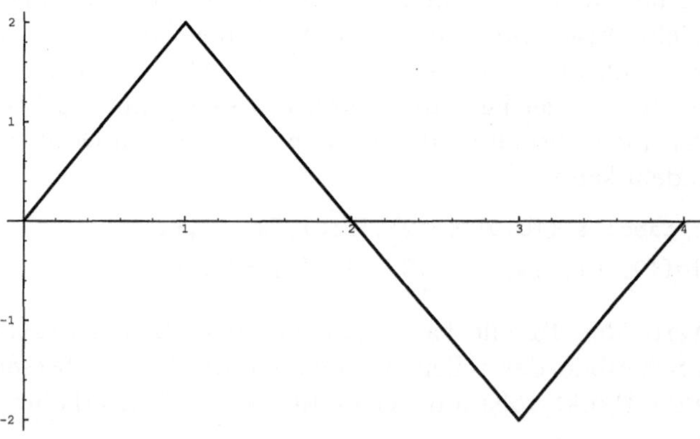

Schaubild einer Funktion zeichnen	`Plot[`*liste*, {*var,varmin,varmax*} `]`
Erzwingen der Auswertung eines Ausdrucks	`Evaluate[` *expr* `]`
Festlegung des Zeichenmodus	`PlotStyle->`
Liniendicke festlegen	`Thickness [` *r* `]`
Punktgröße festlegen	`PointSize [` *r* `]`
Achsen beschriften	`AxesLabel ->` ...
Zeichnung einrahmen	`Frame -> True`
Parametrisierte Kurve zeichnen	`ParametricPlot[`*liste*, {*var,varmin,varmax*} `]`
Liste zeichnen	`ListPlot[`*tabelle* `]`
Punkte verbinden	`PlotJoined -> True`
Grafik darstellen	`Show[`*grafik* `]`

liste : Liste von Funktionen
var : Variablenbezeichner
varmin : kleinster Wert für die Variable
varmax : größter Wert für die Variable
r : Bruchteil für die Liniendicke im Verhältnis zur Gesamtgröße der Zeichnung
grafik : Liste, die aus Grafikelementen besteht

2D-Grafiken

6.2 3D-Grafiken

In diesem Abschnitt wird zunächst der Befehl `Plot3D` beschrieben, den man zum Zeichnen dreidimensionaler Schaubilder benötigt. Er entspricht dem Befehl `Plot` in der Ebene, und er besitzt ebenfalls eine große Anzahl von Optionen, von denen im weiteren eine Auswahl vorgestellt wird. `Plot3D`

Dem Befehl `Plot3D` müssen ein Funktionsterm mit zwei Variablen sowie die Bereiche der beiden Variablen übergeben werden:

```
In[1]:=Plot3D[x Sin[y],{x,-3,3},{y,-Pi,Pi}]
```

```
Out[1]=
```

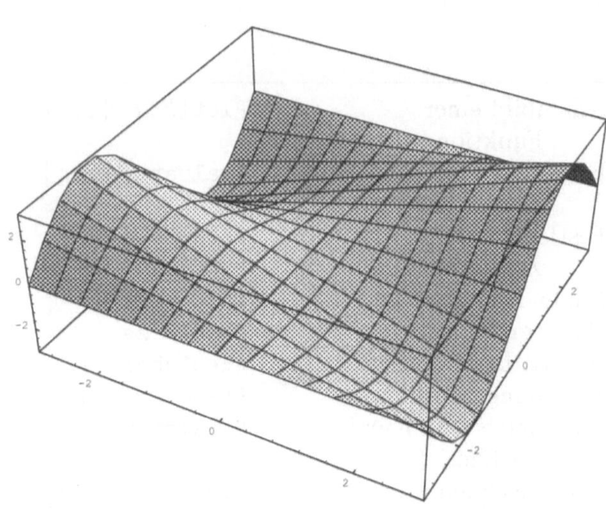

ViewPoint

Wenn man sich das Schaubild von einem anderen als dem vorgegebenen Betrachtungspunkt anschauen möchte, ist dies durch Setzen der Option `ViewPoint` möglich. Die drei Koordinaten des Betrachtungspunktes werden in geschweifte Klammern eingeschlossen und mit Hilfe eines Pfeils (`->`) zugeordnet. Im nächsten Beispiel wird das letzte Schaubild in Richtung der x-Achse betrachtet:

```
In[2]:=Plot3D[x Sin[y],{x,-3,3},{y,-Pi,Pi},
        ViewPoint->{3.4,0,0}]
Out[2]=
```

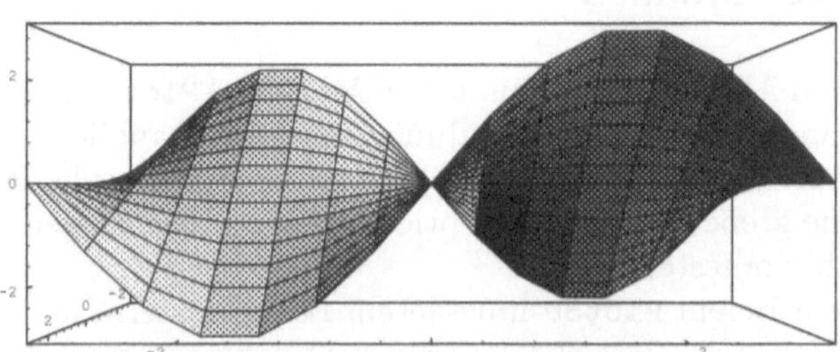

Wenn die Verbindungslinien zu eckig erscheinen, kann die Anzahl der zu zeichnenden Punkte pro Linie (**PlotPoints**) erhöht werden. Allerdings ist dies nur auf Kosten von Speicherplatz und Zeit möglich, wobei die Ergebnisse häufig für das Warten belohnen. Wie sich 50 Punkte pro Linie auswirken können zeigt das nächste Beispiel:

PlotPoints

```
In[3]:=Plot3D[x Sin[y],{x,-3,3},{y,-Pi,Pi},
       PlotPoints->50]
Out[3]=
```

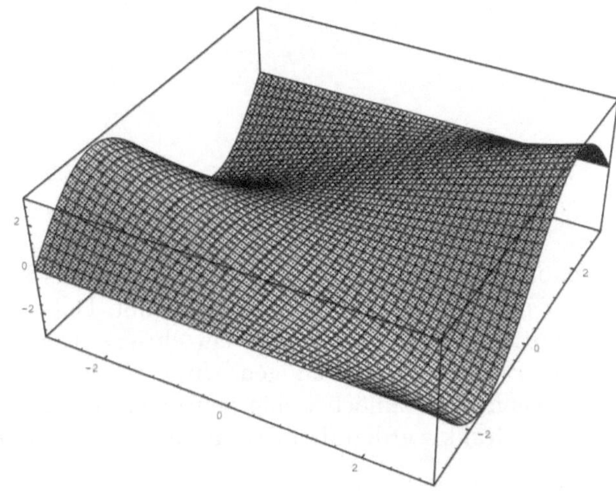

Die Verbindungslinien erscheinen hier viel weicher. Zu viele Linien können in einer Zeichnung jedoch auch stören. In diesem Fall kann man die Option **Mesh** auf den Wert **False** setzen, um die Darstellung der Gitterlinien zu unterdrücken:

Mesh

```
In[4]:=Plot3D[x Sin[y],{x,-3,3},{y,-Pi,Pi},
       Mesh->False]
```

Out[4]=

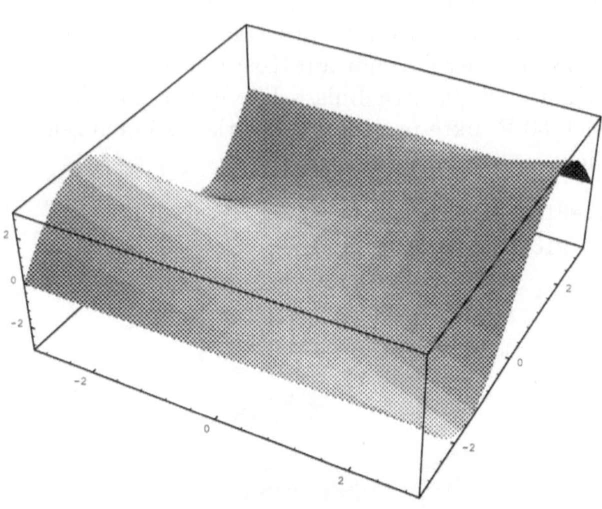

Plot3D

Show

Wenn man zwei oder mehr Grafiken in einem Schaubild vereinigen möchte, kann man diese dem Befehl `Plot3D` nicht als Liste übergeben, da er immer nur eine Funktion annimmt. Daher muß man die verschiedenen Grafiken zunächst einzeln erzeugen und dann mit Hilfe des Befehls `Show` vereinigen. Um die Vorgehensweise zu veranschaulichen, wird zunächst eine weitere Grafik erstellt. Diese und die letzte Grafik werden dann zusammen in einem Schaubild dargestellt:

```
In[5]:=Plot3D[x Cos[y],{x,-3,3},{y,-Pi,Pi},
              Mesh->False]
```

Out[5]=

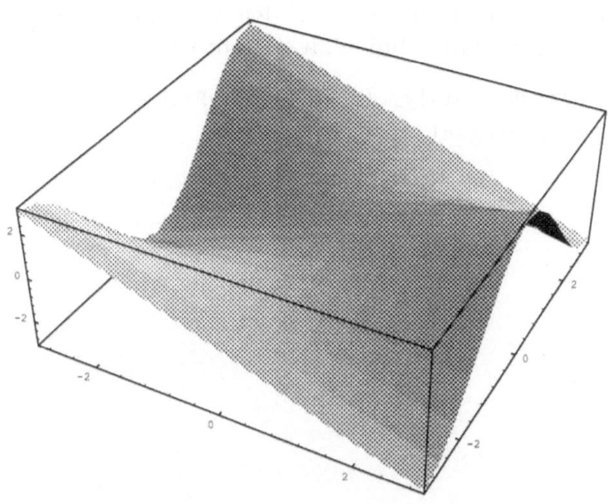

```
In[6]:=Show[%,%%]
Out[6]=
```

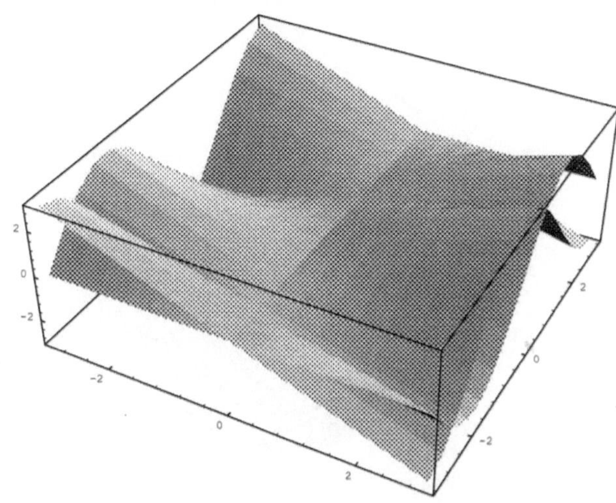

Ein weiterer mächtiger Befehl zur Darstellung parametrisierter Gebilde im Raum ist `ParametricPlot3D`. Mit diesem Befehl kann man sowohl parametrisierte Kurven als auch Flächen im Raum darstellen. In den nächsten beiden Beispielen wird der Befehl benutzt, um einen Zylinder und eine Kugel darzustellen:

`ParametricPlot3D`

```
In[7]:=ParametricPlot3D[{Cos[t],Sin[t],u},{t,0,2 Pi},
                        {u,-2,2}]
Out[7]=
```

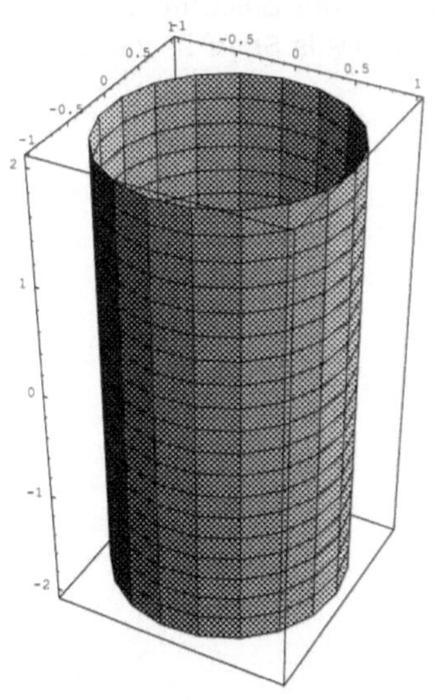

```
In[8]:=ParametricPlot3D[{2 Cos[u] Cos[t],
                        2 Cos[u] Sin[t],2 Sin[u]},
                       {t,0,2 Pi},{u,-Pi/2,Pi/2}]
Out[8]=
```

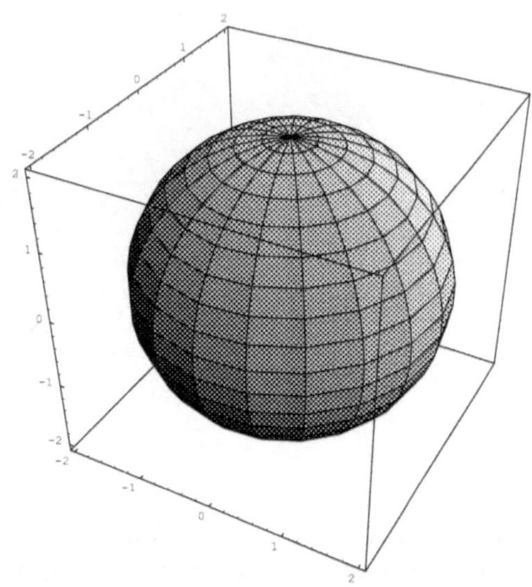

Zur Darstellung der letzten beiden Grafiken in einem Schaubild kann man, wie oben gezeigt, den Befehl `Show` verwenden. Die andere Möglichkeit besteht darin, dem Befehl `ParametricPlot3D` eine Liste der Grafiken zu übergeben. Bei dieser Methode sind aber die Parameter für alle Grafiken gleich zu wählen. Dabei entsteht für den Benutzer entweder mehr Rechenaufwand für gleiche Parameter, oder ein Teil der Zeichnung wir verändert. Deshalb ist die Verwendung des Befehls `Show` in vielen Fällen einfacher:

```
In[9]:=Show[%,%%]
```

```
Out[9]=
```

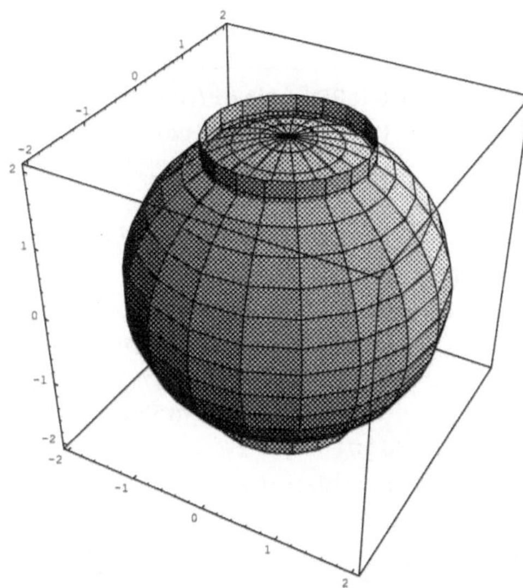

Die hier vorgestellten Beispiele decken nur einen kleinen Bereich der grafischen Möglichkeiten von *Mathematica* ab. Weitere Bereiche sind:

- Listengrafiken mit und ohne Fehlerbalken
- Kuchen- und Balkendiagramme
- Animation

Diese Liste kann noch erweitert werden. Welche Erweiterungen noch möglich sind, kann man z.B. den mitgelieferten Paketen entnehmen.

Schaubild einer Funktion zeichnen	`Plot3D[`*f*, {*var1*,*var1min*,*var1max*} {*var2*,*var2min*,*var2max*}`]`
Betrachtungspunkt festlegen	`ViewPoint -> `{*x*,*y*,*z*}
Anzahl der Stützpunkte für die Kurven bestimmen	`PlotPoints -> `*anzahl* (Standardwert ist 25)
Gitter nicht zeichnen	`Mesh -> False`
Parametrisierte Kurve oder Fläche zeichnen	`ParametricPlot3D[`*funktionsliste*, {*var1*,*var1min*,*var1max*} , {*var2*,*var2min*,*var2max*}`]`
Grafik darstellen	`Show[`*grafik* `]`
f	: Funktion mit zwei Variablen
funktionsliste	: Liste von Funktionen
var	: Variablenbezeichner
varmin	: kleinster Wert für die Variable
varmax	: größter Wert für die Variable
grafik	: Liste, die aus Grafikelementen besteht

3D-Grafiken

6.3 Aufgaben

1. Zeichnen Sie das Schaubild der Funktion f mit
$$f(x) = \frac{\sin x}{x}$$
zwischen $0,001$ und 2π mit beschriftetem Rahmen und einem Gitternetz im Hintergrund.
2. Zeichnen Sie einen Halbkreis mit dem Radius 2.
3. Zeichnen Sie eine Halbkugel mit dem Radius 2.

Analysis

Kapitel 7

Für viele Aufgaben aus der Analysis sind Computeralgebrasysteme wie *Mathematica* nicht nur ein nützliches und bequemes Hilfsmittel, sondern durch die Zeitersparnis, die *Mathematica* im Bereich der Analysis bietet, werden Berechnungen überhaupt erst möglich. Das gesamte Spektrum kann hier nicht beschrieben werden, doch wird in den nächsten Abschnitten eine Auswahl der Befehle gezeigt, die *Mathematica* anbietet, um Probleme der Analysis zu lösen.

7.1 Ableitungen

Ableitungen mit `D`

Zum Ableiten von Funktionen bietet *Mathematica* den Befehl `D` an. Damit kann man sowohl die Ableitung einer Funktion in einer Variablen als auch die partielle Ableitung einer Funktion in mehreren Variablen bestimmen. Da man den Befehl `D` für mehrere Dinge einsetzen kann, muß man ihm den abzuleitenden Funktionsterm und davon, durch Komma abgetrennt, die Variable übergeben, nach der abgeleitet werden soll. Zunächst zwei einfache Beispiele:

```
In[1]:=D[x^n,x]
Out[1]=     -1 + n
          n x

In[2]:=D[a x^n,a]
Out[2]=    n
          x
```

Beim ersten Beispiel wurde x^n nach x abgeleitet, beim zweiten ax^n nach a. Nun noch ein paar Beispiele, die die Leistungsfähigkeit von *Mathematica* bei eindimensionalen Funktionen veranschaulichen:

```
In[3]:=D[Log[t^2-x^2],x]
Out[3]= -2 x
        -------
         2    2
        t  - x
```

```
In[4]:=D[3 Sqrt[Cos[1-x^2]],x]
Out[4]=              2
         3 x Sin[1 - x ]
         ----------------
                      2
         Sqrt[Cos[1 - x ]]
```

```
In[5]:=D[E^Tan[x],x]
Out[5]= Tan[x]         2
       E        Sec[x]
```

Diese Beispielsfolge kann noch beliebig fortgesetzt werden. Bei vielen Anwendungen benötigt man nicht nur die erste, sondern höhere Ableitungen der Funktion. Um dies zu erreichen kann man den Befehl D dreimal schachteln. *Mathematica* bietet aber eine einfachere Schreibweise an:

```
In[6]:=D[E^Tan[x],{x,3}]
Out[6]=
     Tan[x]        4     Tan[x]        6
 2 E        Sec[x]   + E        Sec[x]   +

    Tan[x]        4                 Tan[x]        2       2
 6 E        Sec[x]  Tan[x] + 4 E        Sec[x]  Tan[x]
```

mehrfache Ableitungen

Bei dieser Form der Eingabe muß man die Ableitungsvariable und die gewünschte Ableitung in geschweifte Klammern setzen und dem Befehl D als zweites Argument übergeben.

Auch die häufig benutzte Schreibweise f' für die Ableitung einer Funktion steht in *Mathematica* zu Verfügung. Um die Vorgehensweise zu demonstrieren wird als erstes eine Funktion definiert:

```
In[7]:=f[x_]:=Log[x^2-x+1]/6+
                   ArcTan[(2 x-1)/Sqrt[3]]/Sqrt[3]-Log[x+1]/3
```

Nun die Ableitung:

```
In[8]:=f'[x]
Out[8]=   -1            -1 + 2 x                2
        --------- + -------------- + ------------------
        3 (1 + x)                2                     2
                    6 (1 - x + x )           (-1 + 2 x)
                                     3 (1 + -----------)
                                                 3
```

Da dieser Term noch etwas groß ist, wird er in der folgenden Zeile vereinfacht:

```
In[9]:=Together[Simplify[%]]
Out[9]=  x
       ------
            3
       1 + x
```

Bisher wurden Beispiele vorgestellt, die häufige Anwendungen veranschaulichten. *Mathematica* kann aber noch mehr. Davon soll das nächste Beispiel einen Eindruck vermitteln:

```
In[10]:=D[Log[g[x]]^8,{x,2}]
Out[10]=
                   6      2                  7      2
        56 Log[g[x]]  g'[x]     8 Log[g[x]]  g'[x]
        -------------------- - ------------------- +
                   2                       2
               g[x]                    g[x]
                  7
        8 Log[g[x]]  g''[x]
        -------------------
              g[x]
```

Diese Ausgabe zeigt, daß *Mathematica* auch die Ableitungsregeln für unbestimmte Symbole (Funktionen) beherrscht.

Wie partielle Ableitungen bestimmt werden, sieht man - je nach Betrachtungsweise – schon an einigen dieser Beispiele. Es folgen weitere Anwendungen.

Zuerst die Bestimmung von $\frac{\partial(x^2-y^2)}{\partial x}$:

```
In[11]:=D[x^2-y^2,x]
Out[11]=2 x
```

Hier wurde nur nach x abgeleitet.

Nun $\frac{\partial(x^2-y^2)}{\partial x \partial y}$:

```
In[12]:=D[x^2-y^2,x,y]
Out[12]=0
```

Da die Ableitung nach x kein y enthält, liefert *Mathematica* das korrekte Ergebnis 0.

Im nächsten Beispiel werden die gleichen Ableitungen für die Funktion f mit $f(x,y) = e^x \cos y + \sqrt{x^2-y^2}$ betrachtet:

```
In[13]:=D[E^x Cos[y] + Sqrt[x^2-y^2],x]
Out[13]=     x              x
        ------------- + E  Cos[y]
               2    2
        Sqrt[x  - y ]

In[14]:=D[E^x Cos[y] + Sqrt[x^2-y^2],x,y]
Out[14]=    x y             x
        ------------ - E  Sin[y]
          2     2 3/2
        (x  - y )
```

Um das totale Differential einer Funktion zu berechnen, kennt *Mathematica* den Befehl `Dt`. Die totale Ableitung einer Funktion nach einer Variablen erhält man durch Angabe dieser Variablen, die durch Komma vom Funktionsterm abgetrennt dem Befehl `Dt` übergeben wird. `Dt`

Das totale Differential von xy:

```
In[15]:=Dt[x y]
Out[15]=y Dt[x] + x Dt[y]
```

Die totale Ableitung von xy nach x:

```
In[16]:=Dt[x y,x]
Out[16]=y + x Dt[y, x]
```

Nun das gleiche für einen etwas komplexeren Funktionsterm:

```
In[17]:=Dt[x/Sqrt[x^2-y^2]]
Out[17]=    Dt[x]        x (2 x Dt[x] - 2 y Dt[y])
        ------------ - -------------------------
              2    2             2    2 3/2
        Sqrt[x  - y ]         2 (x  - y )

In[18]:=Dt[x/Sqrt[x^2-y^2],x]
Out[18]=      1          x (2 x - 2 y Dt[y, x])
        ------------ - ----------------------
              2    2            2    2 3/2
        Sqrt[x  - y ]        2 (x  - y )
```

Der Ausgabe entnimmt man, daß *Mathematica* auch berücksichtigt, daß y von x abhängen kann (`Dt[y,x]`).

Ableitung einer Funktion	`D[`*f,var*`]` oder `f'[`*var*`]`
Mehrfache Ableitung einer Funktion	`D[`*f*,{*var,anzahl*}`]`
Partielle Ableitung einer Funktion	`D[`*f,var* ...}`]`
Totales Differential einer Funktion	`Dt[`*f*`]`
Totale Ableitung einer Funktion nach einer Variablen	`Dt[`*f,var*`]`

f : Funktion
var : Variable, nach der abgeleitet wird
anzahl : Anzahl der Ableitungen

Ableitungen

7.2 Integrale

`Integrate`

Zur analytischen Bestimmung von Integralen benutzt man in *Mathematica* den Befehl `Integrate`. Dem Befehl wird als erstes Argument ein Funktionsterm in einer oder mehreren Variablen übergeben. Die Integrationsvariablen werden dann durch Kommata abgetrennt.

Zunächst einige Beispiele aus der eindimensionalen Analysis zur Bestimmung unbestimmter Integrale, die häufig auch als Stammfunktionen bezeichnet werden:

```
In[1]:=Integrate[Sin[x],x]
Out[1]=-Cos[x]
```

```
In[2]:=Integrate[x/(x^3+1),x]
Out[2]=          -1 + 2 x
        ArcTan[--------]                          2
                Sqrt[3]     Log[1 + x]   Log[1 - x + x ]
        --------------- - ---------- + ---------------
            Sqrt[3]            3              6
```

Dieses Beispiel wurde bereits im letzten Abschnitt betrachtet.

Zur Bestimmung der Fläche, welche die Kurve zwischen 1 und 10 einschließt, übergibt man dem Befehl **Integrate** als zweites Argument eine Liste, bestehend aus Integrationsvariable (hier x), Untergrenze (hier 1) und Obergrenze (hier 10):

Bestimmte Integrale

```
In[3]:=Integrate[x/(x^3+1),{x,1,10}]
Out[3]=
                           19
                ArcTan[-------]
     -Pi                Sqrt[3]     Log[2]    Log[11]    Log[91]
 --------- + --------------- + ------ - ------- + -------
 6 Sqrt[3]       Sqrt[3]           3         3          6
```

Die Ausgabe zeigt das exakte Ergebnis. Die dezimale Näherung erhält man durch N:

```
In[4]:=N[%]
Out[4]=0.735674
```

Mit *Mathematica* ist auch die Berechnung uneigentlicher Integrale (das sind Integrale, bei denen eine oder beide Grenzen unendliche Werte annehmen) möglich:

```
In[5]:=Integrate[1/x^2,{x,1,Infinity}]
Out[5]=1
```

Nun gibt es aber auch unbestimmte Integrale, die nicht analytisch berechnet werden können. Das nächste Beispiel zeigt, daß *Mathematica* diese unbestimmten Integrale unverändert stehen läßt:

```
In[6]:=Integrate[E^(x^4),x]
Out[6]=                 4
                       x
         Integrate[E  , x]
```

Wenn man trotzdem eine Fläche benötigt, benutzt man den Befehl **NIntegrate**. Die Syntax dieses Befehls ist die gleiche wie bei der Bestimmung bestimmter Integrale. Die Ausgabe erfolgt aber immer als Dezimalzahl:

NIntegrate

```
In[7]:=NIntegrate[E^(x^4),{x,-2,2}]
Out[7]=584926.
```

Mit *Mathematica* kann man auch bestimmte Mehrfachintegrale berechnen. Die Syntax entspricht derjenigen bei der Berechnung bestimmter Integrale. Hier ein Beispiel:

```
In[8]:=Integrate[x Sin[y],{x,0,1},{y,0,Pi/2}]
Out[8]=1
       -
       2
```

Unbestimmtes Integral einer Funktion	`Integrate[`*f,var* `]`
Bestimmtes Integral einer Funktion	`Integrate[`*f*,{*var, varmin, varmax*}`]`
Mehrfaches bestimmtes Integral einer Funktion	`Integrate[`*f*,{*var1, var1min, var1max* } {*var2, var2min, var2max*}...`]`
Numerisches Integral einer Funktion	`NIntegrate[`*f*,{*var, varmin, varmax*}`]`

f : Funktion
var : Variable, nach der integriert wird
varmin : Untergrenze
varmax : Obergrenze

Integralrechnung

7.3 Grenzwerte, Reihen und Produkte

Limit

Die Berechnung von Grenzwerten erfordert bei vielen Beispielen einen größeren Aufwand als die Theorie glauben läßt. *Mathematica* bietet hier für viele Fälle Hilfe in Form des Befehls `Limit` an. Als erstes Argument übergibt man dem Befehl den Term, dessen Grenzwert betrachtet werden soll, und als zweites die Variable, die gegen einen Wert strebt:

```
In[1]:=Limit[x^2,x->1]
Out[1]=1
```

Nun einige kompliziertere Beispiele:

```
In[2]:=Limit[x^2 Cos[1/x],x->0]
Out[2]=0
```

```
In[3]:=Limit[Log[x^2]/Sqrt[x],x->Infinity]
Out[3]=0

In[4]:=Limit[Sin[x]/x,x->0]
Out[4]=1

In[5]:=Limit[(a^x-b^x)/x,x->0]
Out[5]=Log[a] - Log[b]
```

Die Berechnung dieser Grenzwerte ist mit *Mathematica* sehr einfach und erfolgt erstaunlich schnell.

Im weiteren wird ein Befehl (`Sum`) zur Berechnung endlicher Summen vorgestellt. Dem Befehl übergibt man als erstes Argument die zu summierenden Terme und als zweites eine Liste, welche die Summationsvariable, deren Anfangs- und Endwert sowie optional die Schrittweite enthält, mit der die Variable erhöht werden soll. `Sum`

$$\sum_1^{20} i :$$

```
In[6]:=Sum[i,{i,1,20}]
Out[6]=210
```

$$\sum_1^{n} i :$$

```
In[7]:=Sum[i,{i,1,n}]
Out[7]=Sum[i, {i, 1, n}]
```

Das letzte Beispiel zeigt, daß *Mathematica* die Summen nur mit Zahlenwerten berechnet, aber nicht analytisch auswertet.

Diesen Befehl kann man aber benutzen, um z.B. Polynome zu erzeugen:

```
In[8]:=Sum[x^(2 i)/i^2,{i,1,4}]
Out[8]=        4     6     8
         2    x     x     x
        x  + -- + -- + --
              4     9    16
```

Ebenso wie man Summen mit *Mathematica* berechnet, kann man auch Produkte berechnen. Der Befehl lautet `Product`. Die Syntax des Befehls stimmt mir der von `Sum` bis auf die Option für die Schrittweite überein. `Product`

$\prod_1^{10} i$:

```
In[9]:=Product[i,{i,1,10}]
Out[9]=3628800
```

$\prod_1^{3} (x+i)^2$:

```
In[10]:=Product[(x+i)^2,{i,1,3}]
Out[10]=        2         2         2
         (1 + x)   (2 + x)   (3 + x)
```

Series

Als letztes wird in diesem Abschnitt der Befehl `Series` zum Berechnen von Potenzreihen vorgestellt. Als erstes Argument erwartet der Befehl den zu entwickelnden Term und als zweites eine Liste, die die Variable enthält, nach der entwickelt werden soll, als drittes den Wert, um den entwickelt werden soll, und als viertes die höchste Potenz der Entwicklungsvariablen.
Als Beispiel soll hier die Sinusreihe um die Null bis zur 5.Potenz vorgestellt werden:

```
In[11]:=Series[Sin[x],{x,0,5}]
Out[11]=      3     5
             x     x         6
         x - -- + --- + O[x]
             6    120
```

Mit diesen Potenzreihen kann man in vielen Fällen wie mit Funktionen rechnen, d.h. differenzieren, integrieren etc.:

```
In[12]:=D[%,x]
Out[12]=      2    4
             x    x        5
         1 - -- + -- + O[x]
             2    24
In[13]:=Integrate[%,x]
Out[13]=      3     5
             x     x         6
         x - -- + --- + O[x]
             6    120
```

Als letztes Beispiel folgt die Entwicklung der Logarithmusfunktion an der Stelle 1 bis zur 3.Potenz:

```
In[14]:=Series[Log[x],{x,1,3}]
Out[14]=
                         2           3
                 (-1 + x)    (-1 + x)            4
        (-1 + x) - --------- + --------- + O[-1 + x]
                     2           3
```

Grenzwert eines Terms	`Limit[`*term* ,*var* `->` *var0* `]`
Endliche Summe	`Sum[`*term*,{*var*, *varmin*, *varmax*,*dx*}`]`
Endliches Produkt	`Product[`*term*,{*var*, *varmin*, *varmax*}`]`
Potenzreihe	`Series[`*f*,{*var*, *var0*, *varh*}`]`
f : Funktion	
term : Funktionsterm	
var : Variable	
varmin : Untergrenze	
varmax : Obergrenze	
var0 : feste Stelle für die Variable	
varh : höchste Potenz der Variablen	
dx : Schrittweite	

Grenzwert, Summen und Produkte

7.4 Differentialgleichungen

Über das Lösen von Differentialgleichungen (DGL) wurden und werden viele Bücher geschrieben. Selbst die Möglichkeiten, die *Mathematica* zum Lösen von DGL anbietet, reichen für ein Buch oder sogar mehrere Bücher, da *Mathematica* einen Befehl zum analytischen und einen zum numerischen Lösen von DGL zur Verfügung stellt. In diesem Abschnitt wird an einigen Beispielen gezeigt, wie man einfache lineare DGL mit *Mathematica* lösen kann.

Der Befehl zum Lösen von DGL heißt `DSolve`. Seine Syntax ähnelt der des Befehls `Solve`. `DSolve`

Die Lösung der DGL $f'(x) = kf(x)$:

```
In[1]:=DSolve[f'[x]==k f[x],f[x],x]
Out[1]=
                    k x
       {{f[x] -> E     C[1]}}
```

Hier erhält man die erwartete Lösung $f(x) = c_1 e^{kx}$. Wenn man die DGL für einen festen Startwert(z.B. 17) lösen möchte, kann diese Anfangsbedingung dem Befehl DSolve als weitere Gleichung übergeben werden:

```
In[2]:=DSolve[{f'[x]==k f[x], f[0]==17},f[x],x]
Out[2]=                 k x
        {{f[x] -> 17 E    }}
```

Wie man bei dieser Eingabe sieht, erwartet der Befehl DSolve drei Argumente: als erstes eine Liste mit Differentialgleichungen, dann eine Liste mit den Funktionen, nach denen gesucht wird, und als drittes die unabhängige Variable (für alle Funktionen und Ableitungen muß dies die gleiche sein!). Bei der Angabe der Lösungsfunktionen wurde bisher immer die Schreibweise f[x] benutzt. Der Wert x in eckigen Klammern kann weggelassen werden. Welche Auswirkungen das hat, zeigt die nächste Eingabe für das letzte Beispiel:

```
In[3]:=DSolve[{f'[x]==k f[x], f[0]==17},f,x]
Out[3]=                     k x
{{f -> Function[x, 17 E    ]}}
```

Function

Hier wird die Lösungsfunktion f in der Sprechweise von *Mathematica* als reine Funktion ausgegeben. Diese beschreibt *Mathematica* in diesem Fall mit dem Befehl Function, dem die Funktionsvariable und der Funktionskörper (Funktionsterm) übergeben wird. Bis zur Version 2.1 wurde hierfür der &-Operator benutzt. Die obige Ausgabe hätte dabei folgende Darstellung:

```
Out[3]         k #1
{{f -> ( 17 E      &}}
```

Die Variablen werden hier mit # Zahl bezeichnet. Diese funktionale Schreibweise hat für das fortgeschrittene Arbeiten mit *Mathematica* Vorteile, da es der internen Darstellung von *Mathematica* nahe kommt. Diese Darstellung sollte aber, auch wegen der schlechteren Lesbarkeit, nur von geübten Benutzern angewendet werden.

Im weiteren wird deshalb die Lösungsfunktion immer in der Form f[x] angegeben.

Als nächstes wird die DGL für die gedämpfte Schwingung betrachtet:

```
In[4]:=DSolve[m f''[x]+r f'[x] +k f[x]==0,f[x],x]

Out[4]=                                2
              ((-r - Sqrt[-4 k m + r ]) x)/(2 m)
{{f[x] -> E                                         C[1] +

                               2
       ((-r + Sqrt[-4 k m + r ]) x)/(2 m)
      E                                        C[2]}}
```

Die Lösung wird korrekt als Summe zweier e-Funktionen berechnet, wobei die Exponenten der e-Funktionen komplex sein können. Das nächste Beispiel untersucht die DGL der erzwungenen Schwingung:

```
In[5]:=DSolve[m f''[x]+r f'[x] +k f[x]==a Sin[b x], f[x],x]


Out[5]=
                                    2
               ((-r - Sqrt[-4 k m + r ]) x)/(2 m)
{{f[x] -> E                                        C[1] +

                                2
      ((-r + Sqrt[-4 k m + r ]) x)/(2 m)
     E                                     C[2] +

     (2 a m (-2 b k m Cos[b x] +

                                                  2
         2 b Power[E, ((r - Sqrt[-4 k m + r ]) x)/(2 m) +

                                        2
            ((-r + Sqrt[-4 k m + r ]) x)/(2 m)] k m Cos[b x] +

            3  2
         2 b  m  Cos[b x] -

            3                                     2
         2 b  Power[E, ((r - Sqrt[-4 k m + r ]) x)/(2 m) +

                                        2                 2
            ((-r + Sqrt[-4 k m + r ]) x)/(2 m)] m  Cos[b x] +

              2
         b r  Cos[b x] - b Power[E,

                                      2
           ((r - Sqrt[-4 k m + r ]) x)/(2 m) +

                                        2                 2
            ((-r + Sqrt[-4 k m + r ]) x)/(2 m)] r  Cos[b x] -

                                     2
         b r Sqrt[-4 k m + r ] Cos[b x] -

                                                2
         b Power[E, ((r - Sqrt[-4 k m + r ]) x)/(2 m) +

                                        2                              2
            ((-r + Sqrt[-4 k m + r ]) x)/(2 m)] r Sqrt[-4 k m + r ]
          Cos[b x] - k r Sin[b x] +

                                              2
         Power[E, ((r - Sqrt[-4 k m + r ]) x)/(2 m) +

                                        2
            ((-r + Sqrt[-4 k m + r ]) x)/(2 m)] k r Sin[b x] -

          2                  2
         b  m r Sin[b x] + b

                                               2
          Power[E, ((r - Sqrt[-4 k m + r ]) x)/(2 m) +

                                        2
            ((-r + Sqrt[-4 k m + r ]) x)/(2 m)] m r Sin[b x] +

                             2
         k Sqrt[-4 k m + r ] Sin[b x] +

                                              2
         Power[E, ((r - Sqrt[-4 k m + r ]) x)/(2 m) +

                                        2                              2
            ((-r + Sqrt[-4 k m + r ]) x)/(2 m)] k Sqrt[-4 k m + r ]
```

```
                2                           2
     Sin[b x] - b  m Sqrt[-4 k m + r ] Sin[b x] -

    2                                  2
    b  Power[E, ((r - Sqrt[-4 k m + r ]) x)/(2 m) +
                                    2                                  2
       ((-r + Sqrt[-4 k m + r ]) x)/(2 m)] m Sqrt[-4 k m + r ]
     Sin[b x])) /
             2                              2
 ((-k + b  m - I b r) Sqrt[-4 k m + r ]
                                          2
   (2 b m + I r - I Sqrt[-4 k m + r ])
                                          2
   (2 b m + I r + I Sqrt[-4 k m + r ]))}}
```

Diese Ausgabe ist schwer lesbar und schwer zu verstehen. Die ersten beiden Terme sind, wie zu erwarten, die Lösungen der homogenen Gleichung, die letzten Terme bestehen aus mehreren e-Funktionen (`Power[E,...`), die mit trigonometrischen Funktionen multipliziert werden. Hier wäre eine übersichtlichere Notation wünschenswert. Erfreulicherweise ist das Ergebnis seit der Version 2.2 korrekt.

`NDSolve`

Mathematica bietet auch einen Befehl zum numerischen Lösen von DGL an. Es ist `NDSolve`. Seine Syntax stimmt mit der von `DSolve` überein. Da die Anwendung dieses Befehls aber noch mehr Erfahrung mit dem Umgang mit DGL und der Interpretation der Lösungen von DGL benötigt, möchte ich auf das Handbuch für *Mathematica* ([1]S.696) verweisen.

Gleichheitszeichen für DGL	`==`
DGL lösen	`DSolve[{`*ls* `==` *rs* ...},*f*`[`*var*`]`, *var*`]`

ls : linke Seite der Gleichung
rs : rechte Seite der Gleichung
f : gesuchte Funktion oder Liste der gesuchten Funktionen
var : unabhängige Lösungsvariable

Lösen von Differentialgleichungen

7.5 Aufgaben

1. Bestimmen Sie die Ableitung:

$$\frac{\mathrm{d}(\cos y e^{4-x^2})}{\mathrm{dx}}$$

2. Bestimmen Sie die partielle Ableitung nach x und y:

$$\frac{\partial(\sin x e^{4-x^2})}{\partial x \partial y}$$

3. Bestimmen Sie das unbestimmte Integral:

$$\int \sqrt{x^2 - 2x + 5}\mathrm{dx}$$

4. Bestimmen Sie das bestimmte Integral:

$$\int_0^5 \sqrt{x^2 - 2x + 5}\mathrm{dx}$$

Berechnen Sie auch eine dezimale Näherung für das Integral!

5. Lösen Sie die Differentialgleichung

$$f'(x) - x^2(f(x))^2 = x^2.$$

Einfache Programme

Kapitel 8

In diesem Kapitel wird keine ausführliche Anleitung zum Erstellen riesiger Programmpakete gegeben, sondern anhand kleiner Beispiele versucht aufzuzeigen, wie man sich die alltägliche Arbeit mit *Mathematica* ein wenig erleichtern kann. Zunächst wird gezeigt, was man unter regelbasierter Programmierung in *Mathematica* versteht. Anschließend wird dargestellt, wie man diese Methode anwenden kann, um Befehle in *Mathematica* an eigene Bedürfnisse anzupassen, und der darauf folgende Abschnitt beschäftigt sich mit prozeduraler Programmierung in *Mathematica*.

8.1 Regelbasiertes Programmieren

Viele mathematische Probleme lassen sich nur durch die Anwendung fester Regeln lösen. Beim regelbasierten Programmieren besteht das Programm dementsprechend aus einer Abfolge der benötigten Regeln. Ein Paradebeispiel für diese Vorgehensweise ist die Bestimmung der Ableitung einer Funktion. Hier soll nicht der vollständige Ableitungsbefehl nachgebildet werden, sondern ein Befehl, der in der Lage ist, einfache ganzrationale und trigonometrische Funktionen abzuleiten. Die Regeln, die man dazu benötigt, sind folgende:

1. $(f+g)' = f' + g'$
2. $(c \cdot f)' = c \cdot f'$, falls c eine Konstante ist
3. $(c)' = 0$, falls c eine Konstante ist
4. $(x^n)' = n \cdot x^{n-1}$
5. $(\sin x)' = \cos x$
6. $(\cos x)' = -\sin x$

Der neue Befehl wird `Ableitung` genannt. Die Umsetzung der Regeln erfolgt wie bei der Definition von Funktionen. Somit ergibt sich für die erste Regel bei der Ableitungsvariablen x folgende Definition:

```
In[1]:=Ableitung[f_+g_,x_]:=
                    Ableitung[f,x]+Ableitung[g,x]
```

Ein Test für diese Regel:

```
In[2]:=Ableitung[x^3+x,x]
Out[2]=                                  3
         Ableitung[x, x] + Ableitung[x , x]
```

Das Ergebnis entspricht der Regel (1), nur ordnet *Mathematica* die Terme „aus Gewohnheit" nach steigenden Potenzen von x.

Um die zweite Regel zu programmieren, benötigt man einen Befehl, der überprüft, ob c eine Konstante ist. Der Befehl lautet

`FreeQ [c,x]` `FreeQ [c,x]`.

Nun die zweite Regel:

```
In[3]:=Ableitung[c_ f_,x_]:=c Ableitung[f,x]
          /;  FreeQ[c,x]
```

`/;` Das Zeichen `/;` ist als „unter der Bedingung" zu lesen.

Die dritte Regel:

```
In[4]:=Ableitung[c_,x_]:=0/; FreeQ[c,x]
```

Jetzt ein Test für die ersten drei Regeln:

```
In[5]:=Ableitung[2 x^3+7 x^2+1,x]
Out[5]=           2                      3
        7 Ableitung[x , x] + 2 Ableitung[x , x]
```

Nachdem dieser Test erfolgreich verlief, wird noch die vierte Regel hinzugefügt, um ganzrationale Funktionen abzuleiten:

```
In[6]:=Ableitung[x_^n_,x_]:=n x^(n-1)
```

Nun sollte dieser Befehl in der Lage sein, die Ableitung der Funktion im letzten Beispiel korrekt zu berechnen:

```
In[7]:=Ableitung[2 x^3+7 x^2+1,x]
Out[7]=           2
         14 x + 6 x
```

Wie man sieht, ist das Ergebnis richtig. Es folgen die Regeln für die trigonometrischen Funktionen:

```
In[8]:=Ableitung[Sin[x_],x_]:=Cos[x]

In[9]:=Ableitung[Cos[x_],x_]:=-Sin[x]
```

Nachdem alle vorgegebenen Regeln eingegeben wurden, folgen einige Testbeispiele:

```
In[10]:=Ableitung[x^3+17 x+3 Sin[x],x]
Out[10]=  2
       3 x  + 17 Ableitung[x, x] + 3 Cos[x]
```

In diesem Beispiel wird x nicht abgeleitet, da hierfür keine Regel vorhanden ist. Diese Regel kann man aber einfach hinzufügen:

```
In[11]:=Ableitung[x_,x_]:=1
```

```
In[12]:=Ableitung[x^3+17 x+3 Sin[x],x]
Out[12]=          2
       17 + 3 x  + 3 Cos[x]
```

Jetzt hat das Ergebnis das gewünschte Aussehen. Die Ableitungen weiterer Funktionen:

```
In[13]:=Ableitung[4 x^7+5 Sin[x],x]
Out[13]=   6
       28 x  + 5 Cos[x]
```

```
In[14]:=Ableitung[4 x^7+5x Sin[x],x]
Out[14]=   6
       28 x  + 5 Ableitung[x Sin[x], x]
```

Das letzte Beispiel zeigt, daß die Produktregel fehlt. Diese kann nach obigem Muster ergänzt werden. Durch die Definition weiterer Regeln ist dieser Befehl zum vollen Umfang des Befehls `D` auszubauen. Diese Vorgehensweise wäre aber unsinnig, da der Befehl vorhanden ist.

Falls dennoch eine Regel fehlen sollte, zeigt der nächste Abschnitt, wie man die gewünschte Regel ergänzen kann.

8.2 Befehle verändern

Da der Befehl für den Betrag einer Zahl beim Lösen von Betragsgleichungen Schwierigkeiten bereitete, soll hier gezeigt werden, wie man diese beheben kann. Probleme traten z.B. bei der Gleichung $|x^2 - 10x + 20| = 4$ in Abschnitt 4.2 auf. Wenn man die dort beschriebene Identität $|x| = \sqrt{x^2}$ für reelle x benutzen möchte, kann man diese Regel hinzufügen. Damit Befehle in *Mathematica* nicht aus Versehen geändert werden, sind sie geschützt (engl.: protected). Dieser Schutz muß durch den Befehl `Unprotect` aufgehoben werden.

`Unprotect`

```
In[1]:=Unprotect[Abs]
Out[1]={Abs}
```

Nun wird die neue Regel hinzugefügt:

```
In[2]:=Abs[x_]:=Sqrt[x^2]
```

Protect

Jetzt muß der geänderte Befehl mit dem Befehl `Protect` von neuem geschützt werden:

```
In[3]:=Protect[Abs]
Out[3]={Abs}
```

Beim Lösen der Gleichung dürften nun die Schwierigkeiten nicht mehr auftreten:

```
In[4]:=Solve[Abs[x^2-10 x +20]==4,x]
Out[4]={{x -> 8}, {x -> 2}, {x -> 6}, {x -> 4}}
```

Um Befehle zu verändern, benutzt man das folgende Vorgehen:

1. Schreibschutz des Befehls aufheben (`Unprotect`)
2. Neue Regeln eingeben
3. Befehl schützen (`Protect`)

Befehle verändern

Bei der Veränderung von Befehlen muß mit großer Vorsicht vorgegangen werden, da man den vollen Befehlsumfang und alle Argumente kennen muß, um keine unerwünschten Nebeneffekte zu bekommen. Da der Befehl `Abs` auch für komplexe Zahlen benutzt werden kann, führt die oben beschriebene Änderung zu Problemen, wie im nachfolgenden Beispiel veranschaulicht wird:

```
In[5]:=Abs[4 + 3 I]
Out[5]=4 + 3 I
```

Dieser Wert ist falsch, er wurde aber erst durch die oben beschriebene Änderung hervorgerufen. Da dieses falsche Ergebnis durch die Regel $|x| = \sqrt{x^2}$ hervorgerufen wurde, fehlt diese bei der Originaldefinition des Betragsbefehls in *Mathematica*. Wenn man sich beim Abändern nicht ganz sicher ist, sollte man deshalb nicht die Originalnamen, sondern einen neuen Befehlsnamen – in diesem Fall z.B. `Betrag` – benutzen.

8.3 Prozedurale Programme

Bei vielen Arbeiten mit *Mathematica* muß man eine Abfolge von Befehlen immer wieder von neuem eingeben, um das gewünschte

Ergebnis zu bekommen. In solchen Fällen wäre es wünschenswert, diese Abfolge der Befehle zu einem neuen Befehl zusammenzufassen. Wie man das tun kann, wird am Beispiel der Kurvendiskussion, die viele Leser aus ihrer Schulzeit kennen, verdeutlicht. Bei der Kurvendiskussion werden folgende Schritte wiederholt:

1. Bestimmung der Ableitungen
2. Nullstellensuche für die Ableitungen und ggf. die Untersuchung auf Hoch-, Tief- und Wendepunkte
3. Angabe der Stammfunktion
4. Schaubild der Funktion auf einem gegebenen Intervall [a,b] zeichnen

Alle diese Punkte müssen in *Mathematica* einzeln eingegeben werden. Es ist aber viel einfacher, diese Befehle in einer Prozedur (einem Block) unter einem neuen Befehlsnamen zusammenzufassen. Als Befehlsname wird `kd` gewählt. Da bis auf die Intervallgrenzen (a,b) keine Parameter bei der obigen Beschreibung auftreten, werden nur diese Werte übergeben. Um die einzelnen Befehle zusammenzufassen, kann man in *Mathematica* den Befehl `Block` benutzen. Diesem Befehl muß zuerst eine Liste mit Variablen übergeben werden, die nur innerhalb dieses Blocks benutzt werden (lokale Variablen). Wenn man keine lokalen Variablen verwenden möchte, bleibt die Liste leer. Der Liste folgen ein Komma und die Befehle, wobei diese jeweils durch ein Semikolon getrennt werden. Um das Programm (beim Lauf) mit etwas Text zu erklären, wird hier der Befehl `Print` benutzt. Wann immer der gleiche Text ausgegeben werden soll (Stringkonstante), wird dieser Text in doppelte Anführungszeichen eingeschlossen. (Der `Print`-Befehl in *Mathematica* ähnelt sehr dem `Print`-Befehl vieler BASIC-Dialekte.)

`Block`

`Print`

```
In[1]:=kd[a_,b_]:=

      Block[{ },
           Print["Die 1. Ableitung ist :", f'[x]];
           Print["Die 2. Ableitung ist :",f''[x]];
           Print["Die 3. Ableitung ist :",f'''[x]];
           Print["Die Nullstellen sind :",
                  Solve[f[x]==0,x]];
           Print["Die Stellen mit f'(x)=0 sind :",
                  Solve[f'[x]==0,x]];
           Print["Die Stellen mit f''(x)=0 sind :",
                  Solve[f''[x]==0,x]];
           Print["Die Stammfunktion von f ist :",
                  Integrate[f[x], x]];
           Plot[f[x],{x,a,b}]
           ]
```

Um den Befehl kd anzuwenden, wird noch eine Funktion f definiert. Die Intervallgrenzen (-3,3) werden als Parameter übergeben:

```
In[2]:=f[x_]:=x^3-x

In[3]:=kd[-3,3]

Out[3]:=
                                  2
Die 1. Ableitung ist :-1 + 3 x

Die 2. Ableitung ist :6 x

Die 3. Ableitung ist :6

Die Nullstellen sind :{{x -> 1}, {x -> -1}, {x -> 0}}

Die Stellen mit f'(x)=0 sind :

           1                   1
 {{x -> -------}, {x -> -(-------)}}
        Sqrt[3]             Sqrt[3]

Die Stellen mit f''(x)=0 sind :{{x -> 0}}

                                 2     4
                               -x     x
Die Stammfunktion von f ist :--- + --
                                2     4
```

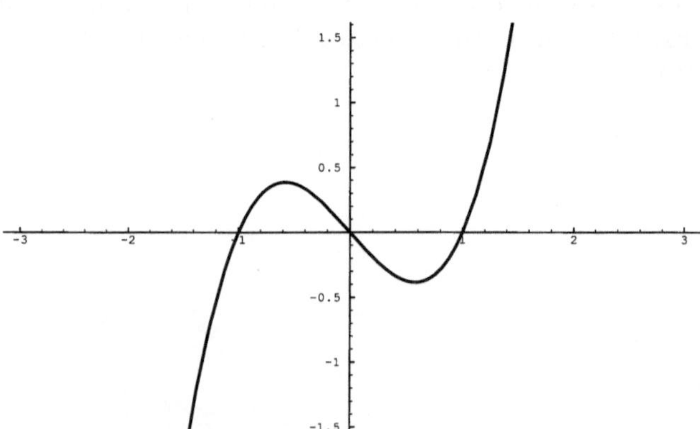

Die Ausgabe zeigt, daß der Befehl `kd` funktioniert. Diese Methode kann für alle Abfolgen von Befehlen benutzt werden. Wenn man den Befehl häufiger benutzen will, kann man den Text, der den Befehl beschreibt, in eine Datei mit der Erweiterung `.m` abspeichern. Dies ist z.B. mit dem Befehl `Save[''kd.m'',kd]` möglich. Bei Bedarf lädt man die Datei mit `<<'kd'` , wenn die Datei unter dem Namen kd.m abgespeichert wurde. Je nach Betriebssystem muß auch noch der Pfad, in dem sich die Datei befindet, angegeben werden. Nach dem Laden kann der Befehl wie oben benutzt werden.

Um komplexe Programme zu erstellen, die z.B. Entscheidungs- und Wiederholungsstrukturen enthalten, muß man sich entweder genau mit dem Handbuch [1] oder besser noch mit dem Buch von Maeder [3] beschäftigen.

Installation auf PCs

Anhang A

Mathematica wird üblicherweise auf mehreren durchnumerierten Disketten geliefert. Dieser Abschnitt zeigt, wie man mit Hilfe dieser Disketten eine lauffähige Installation des Programms *Mathematica* durchführen kann. *Mathematica* ist für zeilen- sowie fensterorientierte Benutzeroberflächen auf vielen Rechnern – vom PC bis zum Großrechner(s. Vorwort) – erhältlich, deshalb wird im weiteren eine Installation für je einen Vertreter dieser Oberflächen beschrieben. Da im deutschsprachigen Raum laut Händleraussagen die meisten *Mathematica*-Pakete für IBM kompatible Rechner verkauft wurden, wird die Installation unter MS-DOS stellvertretend für zeilenorientierte Oberflächen und die Installation unter MS Windows stellvertretend für fensterorientierte Oberflächen beschrieben. Bevor mit der Installation begonnen wird, sollten Sicherungskopien der Originaldisketten erstellt werden. Packen Sie hierzu ihre Disketten aus und erstellen Sie mit dem MS-DOS Befehl `diskcopy` einen Satz Sicherungsdisketten von der Diskettengröße, die zur Installation benutzt werden soll, d.h. erstellen Sie entweder von den 3,5" oder den 5,25" Disketten eine Sicherungskopie. Hierzu legen Sie die erste gegen Überschreiben geschützte Originaldiskette in das passende Laufwerk, üblicherweise ist dies `a:` oder `b:`. Für jede Diskette, von der die Sicherungskopie erstellt werden soll, sind folgende Eingaben zu machen:

Für das Laufwerk `a:` `diskcopy a: a:`

Für das Laufwerk `b:` `diskcopy b: b:`

Sollten zwei gleiche Laufwerke an einem Rechner vorhanden sein, können die Eingaben entsprechend geändert werden:

Für zwei Laufwerke : `diskcopy a: b:`

Hierbei muß die Originaldiskette in Laufwerk `a:` und die Sicherungsdiskette in Laufwerk `b:` liegen.

Wenn von allen Originaldisketten Sicherungskopien erstellt worden sind, sollten die Originaldisketten an einem sicheren Ort aufbewahrt werden.

A.1 Installation unter MS-DOS

Legen Sie hierfür die erste Installationsdiskette in das Installationslaufwerk, dies ist für die weitere Beschreibung `a:`. Sollten Sie *Mathematica* von Laufwerk `b:` aus installieren, ersetzen Sie im weiteren `a:` durch `b:`. Die Beschreibung der Installation geschieht in je zwei zusammengehörigen Schritten: zuerst erfolgt die Beschreibung der durchzuführenden Eingabe, danach wird in Schreibmaschinenschrift die exakte Eingabe am Rechner wiedergegeben.
Wechseln Sie ins Installationslaufwerk

```
a:
```

Starten des Installationsprogramms

```
minstall
```

Damit ist vorerst die größte Eingabearbeit geleistet. Nach der Eingabe von `minstall` erscheint bei der Version 2.0 die folgende Bildschirmausgabe:

```
                                MINSTALL

                          MS-DOS 386 Mathematica
                     Installation Program Version 2.0


  You can use this program both to install Mathematica for the
  first time from distribution diskettes, or to reinstall Mathematica
  once it is on your hard disk.

  To install Mathematica you will need at least 12 megabytes of free
  hard disk space.

  This installation program has a number of steps.
  At each step, it will give a screen of instructions.
  You can always quit by pressing ESC.
  You can then redo the installation by running this program again.

  Each time there is a question, a default answer is shown in angle
  brackets.
  If you press ENTER, the default answer is used.
  If you give an explicit answer, press ENTER when you have finished.

  Copyright 1988-1991 Wolfram Research, Inc.

 Hit ESC to quit or any other key to continue...
```

Folgen Sie der Anweisung, eine Taste zu drücken. Danach erscheint folgende Ausgabe:

```
MS-DOS Version

 You must specify whether or not the version of MS-DOS you are
 running is release 3.3 or later.  You can run Mathematica under
 any version of MS-DOS above 3.0.

Are you running MS-DOS version 3.3 or later? <Y>:
```

Bei den Fragen, die dem Benutzer gestellt werden, bietet das Installationsprogramm immer eine Option in spitzen Klammern an (hier: `<Y>`). Durch Drücken der Return-Taste können Sie diese Option übernehmen. Falls Sie mit *Mathematica* und dem Betriebssystem nicht sehr gut vertraut sind, sollten Sie diese Option sowie die weiteren auch nutzen. Wenn zu einem späteren Zeitpunkt Änderungen an der Installation vorgenommen werden sollten, ist das immer durch den Aufruf des Programms `minstall` möglich. Der nächste Punkt, bei dem der Benutzer eine Auswahl treffen muß, ist die Druckerwahl. Das Installationsprogramm bietet folgenden Auswahlbildschirm an:

```
Printer Selection.

Printers supported:

0:      No Printer
1:      PostScript
2:      HP Laserjet Series II
3:      Toshiba P series
4:      Epson FX series
5:      IBM Proprinter, Proprinter II, Proprinter XL
6:      IBM Proprinter24, Proprinter24 XL
7:      IBM Quickwriter 5204 and 5202
8:      Epson LQ series printers
9:      Encapsulated PostScript File

 Specify your printer: <1>:
```

Die beste Ausgabequalität erhält man bei der Wahl des Postscriptdruckers. Falls an dem Rechner, auf dem *Mathematica* installiert ist, aber kein Postscriptdrucker angeschlossen ist, hat man zumindest für Grafiken zwei Möglichkeiten:

1. Man wählt einen Drucker, der dem angeschlossenen zumindest nahe kommt (für Nadeldrucker ist dies in vielen Fällen der Epson LQ).

2. Man wählt keinen Drucker und druckt alles mit Hilfe des *Mathematica*-Befehls `Display` in eine Datei. Diese kann mit

dem Befehl Hardcopy unter MS-DOS in eine druckbare Postscriptdatei umgewandelt werden. Diese Datei kann anschließend an einem anderen Rechner mit Postscriptdrucker oder mit Hilfe eines Postscriptinterpreters (z.B. das Public Domain Programm Ghostscript oder andere) auf dem angeschlossenen Drucker ausgedruckt werden. (Der Ausdruck auf dem Postscriptdrucker liefert meist die bessere Qualität!)

Am Ende der Installation muß noch die Lizenznummer und das Password eingegeben werden. Der zugehörige Bildschirm hat folgendes Aussehen:

```
Personalize this copy of Mathematica.

 You must now personalize your copy of Mathematica.
 The password is on the Temporary License Certificate.

Enter your name             <>:
```

Diese Angaben sollten unbedingt dem *Mathematica License Certificate*, das sich bei den Unterlagen zu *Mathematica* befindet, entnommen und eingegeben werden. Falls diese Eingaben unterlassen werden, neigt *Mathematica* zu unschönen Verhaltensweisen, die sich beispielsweise darin äußern, daß es nach der Bearbeitung größerer Zeichnungen keine Eingaben mehr annimmt und der Rechner nur nach einem Warmstart wieder benutzt werden kann.

A.2 Installation unter MS-Windows

Die Installation unter Windows gestaltet sich sehr einfach; sie wird im weiteren für das Installationslaufwerk a: beschrieben. Falls Sie vom Laufwerk b: aus installieren, ändern Sie dies bitte bei den weiteren Eingaben. Nach dem Start von Windows wählt man beim Programmanager die Option Datei Ausführen. Dies sieht dann auf dem Bildschirm etwa so aus:

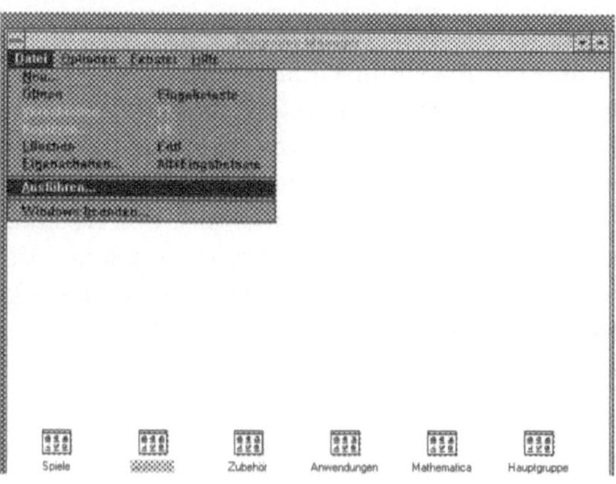

Nachdem der Unterpunkt **Ausführen** gewählt wurde, erscheint ein Eingabefenster. Dort gibt man `a:\minstall` ein. Nach einer gewissen Ladezeit meldet sich das Installationsprogramm mit der Auswahl

```
Quick  Installation
Custom Installation
```

Wählen Sie hier die Option `Quick Installation` mit der Tastatur oder der Maus. Danach hat der Bildschirm folgendes Aussehen:

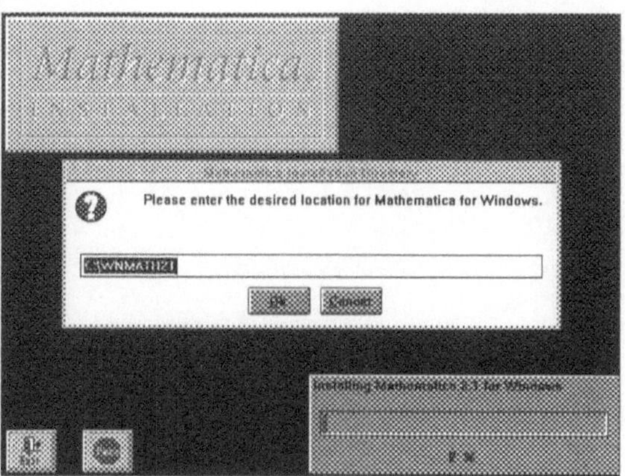

Wählen Sie bei diesem und allen weiteren Fenstern immer `OK` mit der Maus oder drücken Sie die Returntaste. Nach etwa einer halben Stunde müßte *Mathematica* dann korrekt auf der Festplatte installiert sein. Beim ersten Start von *Mathematica* werden Sie nach Ihrem Namen, der Lizenznummer und dem Password gefragt. Diese Angaben sollten unbedingt dem *Mathematica License Certificate*, das sich bei den Unterlagen zu *Mathematica* befindet, entnommen und eingegeben werden. Falls diese Eingaben unterlassen werden, neigt *Mathematica* zu unschönen Verhaltensweisen, die sich beispielsweise darin äußern, daß erstens *Mathematica* andauernd nach der Lizenznummer fragt, bevor es weiter arbeitet, und daß zweitens *Mathematica* z.B. nach der Bearbeitung größerer Zeichnungen keine Eingaben mehr annimmt und der Rechner auch unter Windows 3.1 nur nach einem Warmstart wieder benutzt werden kann. (Dieses Verhalten tritt leider auch bei korrekter Installation auf, nur nicht so oft!)

Befehlsübersicht

Anhang B

Abs[*z*]

zur Berechnung des Betrags einer Zahl.

Apart[*expr*]

Zerlegung von Brüchen in Teilbrüche .

ArcCos[*x*]

zur Berechnung der Arcuscosinusfunktion ($\arccos x$).

ArcCot[*x*]

zur Berechnung der Arcuscotangensfunktion ($\text{arccot}\ x$).

ArcCsc[*x*]

zur Berechnung der Arcuscosekansfunktion ($\text{arccsc}\ x$).

ArcSec[*x*]

zur Berechnung der Arcussekansfunktion ($\text{arcsec}\ x$).

ArcSin[*x*]

zur Berechnung der Arcussinusfunktion ($\arcsin x$).

ArcTan[*x*]

zur Berechnung der Arcustangensfunktion ($\arctan x$).

Arg[*z*]

zur Berechnung des Arguments einer komplexen Zahl.

Array[*m* ,{*imax*},{*jmax*}]

beschreibt eine Matrix. Bei der Übergabe einer Variablen erhält man einen Vektor und bei drei und mehr Variablen einen Tensor.

AspectRatio -> ...

legt das Verhältnis von der Höhe zur Breite eines grafischen Objektes fest. Der Standardwert ist `1/GoldenRatio`.

AxesLabel -> {*xtext, ytext* }

beschriftet die Achsen. Die Beschriftung muß in doppelte Anführungszeichen eingeschlossen werden.

Block[{*x,y,...* },*anweisungen*]

faßt alle Anweisungen zu einem Ganzen zusammen. Die Variablen (*x,y,...*) gelten lokal; die Befehle (*anweisungen*) sind jeweils durch ein Semikolon zu trennen.

Clear[*x*]

löscht alle Zuweisungen für die Variable x.

Coefficient[*expr, var*]

bestimmt den Koeffizienten der Variablen *var* in dem Ausdruck *expr*.

Conjugate[*z*]

zur Berechnung der komplex Konjugierten einer komplexen Zahl.

Cos[*x*]

zur Berechnung der Cosinusfunktion ($\cos x$).

Cot[*x*]

zur Berechnung der Cotangensfunktion ($\cot x$).

CrossProduct[*m*]

berechnet das Kreuzprodukt zweier Vektoren. Um diesen Befehl zu benutzen, muß man zuvor das Paket **VectorAnalysis** laden.

Csc[*x*]

zur Berechnung der Cosekansfunktion ($\csc x$).

D[*f,var*]

Ableitung einer Funktion nach einer Variablen.

D[*f*,{*var*,*anzahl*}]

mehrfache Ableitung einer Funktion nach einer Variablen.

D[*f*,{*var* ...}]

partielle Ableitung einer Funktion nach einer oder mehreren Variablen.

Degree

Umrechnungsfaktor von Bogenmaß ins Gradmaß.

Denominator[*expr*]

liefert den Nenner eines Bruches.

Det[*m*]

berechnet die Determinante einer quadratischen Matrix.

DiagonalMatrix[*liste*]

definiert eine Diagonalmatrix mit den Diagonalelementen der Liste.

Display[*ausgabekanal, grafik*]

gibt die Grafik (oder einen Klang) auf den spezifizierten Ausgabekanal aus.

DSolve[{*ls* == *rs* ...}, *f*[*var*],*var*]

löst die angegebene(n) Differentialgleichung(en) nach den gesuchten Funktionen auf. Die unabhängige Variable *var* muß angegeben werden.

Dt[*f*]

totale Ableitung einer Funktion.

Dt[*f*,*var*]

totale Ableitung einer Funktion nach einer Variablen.

Eigenvalues[*m*]

berechnet die Eigenwerte einer quadratischen Matrix.

Evaluate[*expr*]

erzwingt die Auswertung eines Ausdrucks (z.B. bei Zeichnungen).

Exp[*x*]

zur Berechnung der Exponentialfunktion (e^x).

Expand[*expr*]

ausmultiplizieren und zusammenfassen eines Terms . Bei Brüchen wird nur der Zähler zusammengefaßt.

ExpandAll[*expr*]

multipliziert den Zähler und den Nenner eines Bruches aus.

Exponent[*expr, var*]

bestimmt den höchsten Exponenten der Variablen *var* in dem Ausdruck *expr*.

Factor[*expr, option*]

Faktorisierung eines Terms. Durch das Setzen der Option **GaussianIntegers->True** erhält man auch komplexe Faktoren. Bei Brüchen werden Zähler und Nenner faktorisiert.

FactorInteger[*n*]

bestimmt die Primfaktoren der Zahl *n* mit dem zugehörigen Exponenten.

Frame -> ...

bewirkt, daß die Zeichnung je nach Option eingerahmt wird. Als Optionen stehen `True` und `False` zur Verfügung.

FrameLabel ->{*xtext, ytext* }

bewirkt, daß eine eingerahmte Zeichnung beschriftet wird. Die Beschriftung muß in doppelte Anführungszeichen eingeschlossen werden.

FreeQ[*expr, term*]

überprüft, ob ein Ausdruck in einem Term enthalten ist. In diesem Fall liefert der Befehl den Wert `True`.

Function[*var, term*]

erzeugt eine reine *Mathematica*-funktion, bei der die Variablen(*var*) beim Aufruf durch die Argumente ersetzt werden, mit denen die Funktion aufgerufen wird.

IdentityMatrix[*n*]

definiert eine Einheitsmatrix mit n Zeilen.

Im[*z*]

zur Berechnung des Imaginärteils einer komplexen Zahl.

Integrate[*f,var*]

unbestimmtes Integral einer Funktion .

Integrate[*f*,{*var, varmin, varmax* }]

bestimmtes Integral einer Funktion.

Integrate[*f*,{*var1, var1min, var1max*},
{*var2, var2min, var2max*}]

mehrfaches bestimmtes Integral einer Funktion.

Inverse[*m*]

berechnet die Inverse einer quadratischen Matrix.

Limit[*term ,var* -> *var0*]

berechnet den Grenzwert eines Terms.

ListPlot[*tabelle , option*]

zeichnet die Liste in ein Schaubild. Hier wurde die Option `PlotJoined` besprochen.

Log[*x*]

zur Berechnung der natürlichen Logarithmusfunktion ($\ln x$).

Log[*b, x*] zur Berechnung der Logarithmusfunktion zur Basis b ($\log_b x$).

MatrixForm[*liste*]

stellt die Liste als zweidimensionales Feld dar.

Mesh -> False

unterdrückt das Zeichnen des Gitternetzes bei einer 3D-Grafik. Die Standardeinstellung ist `False`.

N[*expr*]

zur Berechnung dezimaler Näherungen. Die Anzahl der gewünschten Nachkommastellen kann, durch ein Komma abgetrennt, angegeben werden.

NDSolve[{*ls* == *rs* ...}, *f*[*var*,], {*var,varmin, varmax* }]

löst die angegebene(n) Differentialgleichung(en) numerisch im Bereich (*varmin, varmax*).

NIntegrate[*f*,{*var, varmin, varmax* }]

berechnet numerisch das Integral einer Funktion. Der Befehl kann auch für mehrfache Integrale benutzt werden.

NSolve[*ls* == *rs,var, option*]

löst eine Gleichung oder eine Liste von Gleichungen nach den angegebenen Lösungsvariablen numerisch.

Numerator[*expr*]

liefert den Zähler eines Bruches.

ParametricPlot[*liste*, {*var*,*varmin*,*varmax*}, *option*]

zeichnet parametrisierte Kurven. Die Optionen stimmen mit den hier beschriebenen von `Plot` überein.

ParametricPlot3D[*liste*, {*var1*,*var1min*,*var1max*},

{*var2*,*var2min*,*var2max*}]

zeichnet eine parametrisierte Kurve oder Fläche oder eine Liste von beiden.

Part [*liste*, *i*]

greift auf ein Element der Liste zu.

Part [*liste*,{ *i*, *j*, ...}]

greift auf mehrere Elemente der Liste zu.

Part [*liste*, *i*, *j*, ...]

greift über mehrere Ebenen in einer Liste zu.

Pi

Mathematica-Symbol für π .

Plot3D[*f*, {*var1*,*var1min*,*var1max*} ,

{*var2*,*var2min*,*var2max*}, *option*]

erstellt eine 3D-Grafik einer Funktion mit zwei Variablen. Die hier besprochenen Optionen sind `ViewPoint`, `Mesh` und `PlotPoints`.

Plot[*liste*, {*var*,*varmin*,*varmax*}, *option*]

zeichnet das Schaubild einer Funktion. Hier wurden die Optionen PlotStyle mit PointSize, Thickness sowie Frame und AxesLabel besprochen.

PlotJoined -> True

verbindet die Punkte bei einem mit `ListPlot` erstellten Schaubild. Die Standardeinstellung ist `True`.

PlotPoints -> *anzahl*

Anzahl der Stützpunkte für die Kurven festlegen.

PlotStyle ->

legt den Zeichenmodus fest. Hier wurden die Optionen PointSize, Thickness besprochen.

PointSize [*r*]

legt bei der Option **PlotStyle** die Punktgröße fest. *r* ist immer ein Bruchteil der Zeichnungsgröße.

Print[*expr1, expr2, ...*]

druckt die Ausdrücke (*expr1* ...). Stringkonstanten werden in doppelten Anführungszeichen eingeschlossen.

Product[*term,*{*var, varmin, varmax* }]

berechnet das endliche Produkt.

Protect[*befehl*]

schützt einen Befehl vor dem Überschreiben.

Re[*z*]

zur Berechnung des Realteils einer komplexen Zahl.

ReadList[*"datei", datentyp*]

liest aus einer Datei Daten von einem bestimmten Datentyp (z.B. integer, real ...). Wenn die Option *datentyp* nicht angegeben wird, wird der Inhalt der Datei als Liste wiedergegeben.

Reduce[*ls* == *rs*, *var, option*]

löst eine Gleichung oder eine Liste von Gleichungen nach den angegebenen Lösungsvariablen unter der Beachtung von Nebenbedingungen. Mit der Option
VerifySolutions -> True wird automatisch die Probe durchgeführt.

Roots[*ls* == *rs,var, option*]

löst nur eine Gleichung nach der angegebenen Lösungsvariablen.

Save[*"dateiname", expr1, expr2, ...*]

speichert die Ausdrücke (*expr1* ...) in der Datei (*dateiname*). Wenn die Datei bereits vorhanden ist, werden die abzuspeichernden Daten an die vorhandene Datei gehängt.

Sec[*x*]

zur Berechnung der Sekansfunktion ($\sec x$).

Series[*f*,{*var, var0, varh* }]

berechnet die Potenzreihe der Funktion *f* an der Stelle *var0* bis zur höchsten Potenz *varh*.

Short[*expr, n*]

Kurzdarstellung eines Terms. Mit der Option **n** kann die Anzahl der Ausgabezeilen festgelegt werden.

Show[*grafik, option*]

stellt die Grafik oder eine Liste von Grafiken dar. Die Optionen entsprechen denen für die Einzelgrafiken.

Simplify[*expr*]

Vereinfachen von Termen .

Sin[*x*]

zur Berechnung der Sinusfunktion ($\sin x$).

Solve[*ls == rs,var, option*]

löst eine Gleichung oder eine Liste von Gleichungen nach den angegebenen Lösungsvariablen. Mit der Option **VerifySolutions -> True** wird automatisch die Probe durchgeführt.

Sqrt[*x*]

zur Berechnung der Quadratwurzel von x.

Sum[*term,{var, varmin, varmax, dx }*]

berechnet die endliche Summe.

Table[*expr ,{ x, xmin, xmax, dx }*]

erstellt eine Tabelle für die Variable x. Wenn eine Tabelle für mehrere Variablen benötigt wird, kann auch eine Variablenliste übergeben werden, wobei jede Variable wie oben zu beschreiben ist.

TableForm[*liste*]

setzt eine Liste als Tabelle.

Tan[*x*]

zur Berechnung der Tangensfunktion ($\tan x$).

Thickness [*r*]

legt bei der Option **PlotStyle** die Liniendicke fest. *r* ist immer ein Bruchteil der Zeichnungsgröße.

Together[*expr*]

faßt Brüche zusammen.

Tranpose[*m*]

berechnet die Transponierte einer Matrix.

Unprotect[*befehl*]

gibt einen Befehl zum Überschreiben frei.

ViewPoint ->{*x*,*y*,*z*}

Betrachtungspunkt für eine 3D-Grafik festlegen.

Lösungen

Anhang C

Bei den Lösungen wird nicht die mathematische Lösung angegeben, sondern eine korrekte Eingabe für *Mathematica*.

C.1 Lösungen Kapitel 1

1. `FactorInteger[2^45-1]`
2. `Sqrt[17] Sqrt[68]`
3. `Log[335]`
4. `N[%]`
5. `Log[4,2048]`
6. `Sin[135 Degree]`
7. `N[%]`
8. `Re[5-5 I]`
9. `Im[5-5 I]`
10. `Abs[5-5 I]`
11. `Arg[5-5 I]`

C.2 Lösungen Kapitel 2

1. `Expand[(x+y-17)(x^2+14 x -37)]`
2. `Coefficient[%,y]`
3. `Exponent[%%,x]`
4. ```
   Factor[3 x^5- 5 x^4-27 x^3
         +45 x^2 -1200 x+2000,
          GaussianIntegers->True]
   ```
5. `Simplify[(x^2-5x+6)/(x-3)]`

Für die weiteren Aufgaben wird die Variable `bruch=((x-5)(x+14))/((x+11)(x-17))` definiert.

6. `Expand[bruch]`
7. `ExpandAll[bruch]`
8. `Together[%]`
9. `Apart[bruch]`

C.3 Lösungen Kapitel 3

1. `f[x_]:= x Sin[x]`
2. `tabelle=Table[{x,f[x]},{x,0,2 Pi,Pi/6}]`
3. `Part[tabelle,{5}]`
4. `Part[tabelle,4,2]`

C.4 Lösungen Kapitel 4

1. `Solve[15 x^2 -2 x -8==0,x]`
2. `Solve[x^4-4 x^3== 17 x^2+16 x +84,x]`
3. ```
   Solve[Sqrt[x+2]-1==Sqrt[x],x,
         VerifySolutions->True]
   ```
4. `Solve[2 (Cos[x])^2+3 Cos[x]+1==0,Cos[x]]`
5. `Reduce[a/(x-b)-1==b/(x-a),x]`

C.5 Lösungen Kapitel 5

Definition der Matrizen:

```
m1={{1,2,3},{4,5,6},{7,8,9}}
m2={{1,0,1},{0,1,0},{0,1,1}}
```

1. `m1+m2`
2. `m1.m2`
3. `Transpose[m1]`
4. `Det[m2]`
5. `Inverse[m2]`
6.
```
Solve[{2 x+8 y +14 z ==178,
       7 x+  y + 4 z == 74,
       4 x+7 y +   z == 77},{x,y,z}]
```

C.6 Lösungen Kapitel 6

1.
```
Plot[Sin[x]/x,{x,0.001,2 Pi},
     Frame->True,
     FrameLabel->{"x-Achse","y-Achse"},
     GridLines->Automatic]
```
2. `ParametricPlot[{2 Cos[t],2 Sin[t]},{t,0,Pi}]`
3.
```
ParametricPlot3D[{2 Cos[u]Cos[t],
                  2 Cos[u] Sin[t],2 Sin[u]},
                  {t,0,2 Pi}, {u,0,Pi/2}]
```

C.7 Lösungen Kapitel 7

1. `D[Sin[x] E^(4-x^2),x]`
2. `D[Cos[y] E^(4-x^2),x,y]`
3. `Integrate[Sqrt[x^2-2 x+5],x]`
4. `Integrate[Sqrt[x^2-2 x+5],{x,0,5}]`
5. `N[%]`
6. `DSolve[f'[x]-x^2(f[x])^2==x^2,f[x],x]`

Literaturverzeichnis

[1] Wolfram, Stephen, *Mathematica*: A System for Doing Mathematics by Computer, Second Editon. – Addison-Wesley Publishing Co., Redwood City, California 1992

[2] Gray, Theodore W. and Glynn,Jerry, Exploring Mathematics with *Mathematica*. – Addison-Wesley Publishing Co., Redwood City, California 1991

[3] Maeder, Roman, Programming in *Mathematica*. – Addison-Wesley Publishing Co., Redwood City, California 1990

[4] Blachman, Nancy, *Mathematica* Quick Reference Version 2. – Addison-Wesley Publishing Co., Redwood City, California 1992

[5] Davenport, J.H., Siret, Y., Tournier, E., Computer Algebra. – Academic Press, London 1988

[6] Leupold, Wilhelm et al., Lehr- und Übungsbuch Mathematik Band III. – VEB Fachbuchverlag, Leipzig 1983

Index